图说
野菜栽培
关键技术

刘淑芳　关丽霞　谢永刚　编著

化学工业出版社

·北京·

内容简介

本书介绍了野菜的特点、资源现状及发展前景、栽培设施，重点介绍了常见的15种野菜在大棚、温室等设施下的栽培管理关键技术及病虫害防治措施。辅以近200幅高清彩色图片，图文并茂、科学实用，贴近生产实际。

本书适合广大野菜种植者、农业生产技术推广人员使用，也可供农林院校相关专业师生阅读。

图书在版编目（CIP）数据

图说野菜栽培关键技术/刘淑芳，关丽霞，谢永刚编著.—北京：化学工业出版社，2022.10
ISBN 978-7-122-41716-9

Ⅰ.①图…　Ⅱ.①刘…②关…③谢…　Ⅲ.①野生植物-蔬菜-蔬菜园艺-图解　Ⅳ.①S647-64

中国版本图书馆CIP数据核字（2022）第107664号

责任编辑：冉海滢　刘　军　　　文字编辑：李娇娇
责任校对：宋　夏　　　　　　　　装帧设计：关　飞

出版发行：化学工业出版社（北京市东城区青年湖南街13号
　　　　　邮政编码100011）
印　　装：北京宝隆世纪印刷有限公司
880mm×1230mm　1/32　印张4　字数90千字
2023年1月北京第1版第1次印刷

购书咨询：010-64518888　　　售后服务：010-64518899
网　　址：http://www.cip.com.cn

定　　价：39.80元

前言

　　我国野生植物资源十分丰富，特别是野生蔬菜品种繁多，人们食用野菜历史悠久。野菜具有无污染且营养价值极为丰富的特点。它含有人体所必需的蛋白质、脂肪、糖类、胡萝卜素、维生素、钙、磷等多种营养素，并且许多营养成分含量都比人工栽培的蔬菜高。它非常适宜制作菜肴，是独具特色的山野美味，也是山区群众宴请宾客的佳肴。许多野菜还具有药食同源等良好的保健作用，人们用野菜制作的菜肴、食品，不仅风味独特、味道鲜美、营养丰富，而且还能治病、防病。因此，野菜很受广大消费者的青睐。

　　随着人们生活水平的提高，不少人对于每天食用鸡鸭鱼肉已感厌倦，利用野菜改换一下口味，已日益受到人们的欢迎。在许多地方，野菜已上市销售，在餐馆中，它作为特种风味上了餐桌。野菜早已成为我国重要的出口商品之一，并获得了较大的经济效益。因此，开发利用野菜资源，对社会经济的发展具有重要的意义。

　　本书以服务广大野菜种植专业户和基层技术人员为出发点，介绍了野菜的特点、资源现状、发展前景、栽培设施，重点介绍了常见的 15 种野菜在各种设施下的关键栽培管理技术。本书结合编著者多年来的生产实践经验，力求科学严谨、贴近生产、简单实用，并辅以大量的彩色图片，图文并茂，语言通俗易懂，非常适合广大野菜种植者、农业生产技术推广人员和农林院校相关专业师生阅读。

　　由于编著者专业水平有限，书中疏漏之处在所难免，敬请广大读者和同行专家给予批评指正。

编著者

2022 年 4 月

目录

第一章
野菜概述

野菜是全体或部分可制成菜肴、食品的非人工栽培的野生植物。它们长期生长繁衍在深山幽谷、茫茫草原、旷野荒地、浅海礁岩、河畔湖荡以及田埂屋边等适宜其生长的自然环境中，有很强的生命力。通常被人们采摘后用于做菜，具有质地新鲜、风味独特、营养丰富的特点。

我国地域辽阔，野生植物资源十分丰富，特别是野生蔬菜品种繁多，广大人民食用野菜的历史悠久。几千年来野菜一直是我国劳动人民的主要菜食之一；特别是在灾荒之年和革命战争时期，野菜更是满足了人们的果腹之需。即使在人工栽培的蔬菜供应充足的时期，在广大的农村、山区，特别是草原、边远地区，野菜仍然是人们重要的佐餐食品。

一、我国野菜利用的历史

我国野菜的利用有着悠久的历史，早在约 3000 年前的《诗经》中就有描写人采摘野菜的诗句。灾荒之年野菜的作用更大，有"糠菜（野菜）半年粮"之说。历代涉及野菜的著作也很多，如《千金食治》《食疗本草》《救荒本草》《本草纲目》《植物名实图考》《神农本草经》《本草拾遗》《野菜博录》《野菜谱》等，总结了民间采摘、食用野菜的经验。

新中国成立后，在广泛开展植物资源调查和植物研究的基础上，我国先后出版了《中国经济植物志》《中国植物志》《中国高等植物图鉴》，以及各省（自治区、直辖市）的《经济植物志》《植物志》《食用植物》等论著，这些论著都有野菜的内容。随着人民生活水平的提高、健康意识的增强，对饮食的需求已从量的满足转向质的重视，使得食品向自然、粗糙、低热量等方面发展。野菜多生于山坡林地、林缘、灌丛、草地、沟溪、荒野等处，无环境污染，自生自长，被称为无公害的绿色食品。人们对曾赖以充饥保命的野菜，又重新给予重视，以新的观念重新开发利用。多种野菜以新的姿态重新回到人们的餐桌，以独特的风味出现在筵席上，成为受欢迎的佳肴。

二、野菜的特点

1. 营养价值高

野菜的营养价值高。野菜的营养成分主要有水分、蛋白质、脂肪、糖类、粗纤维、钙、磷、铁、胡萝卜素和维生素 C 等。这些都是人体所必需的营养素。有些野菜的营养成分比一些粮食作物还高，如紫苜蓿所含一些氨基酸的量比稻米、小麦都高。

野菜中含有丰富的维生素，尤其是胡萝卜素和维生素 C。人们对 234 种野菜进行营养成分分析，其中 100g 鲜样含胡萝卜素高于 5.00mg 的有 88 种，高于 8.00mg 的有 18 种；含维生素 B_2 高于 0.50mg 的有 87 种，高于 1.00mg 的有 26 种；含维生素 C 高于 50mg 的有 167 种，高于 100mg 的有 80 种。栽培蔬菜维生素含量大多比野菜低，个别的野菜维生素含量特别高，是栽培蔬菜不能与之相比的。

野菜中含有各种无机盐。其中特别有益的元素有钙、磷、镁、钾、钠、铁、锌、铜、锰等。这些元素在野菜中的含量比例基本一致，正符合人体需要量的比例。因此，采食野菜，不会产生因某种元素过量而影响代谢的现象，而从野菜中得到的维生素和无机盐，大都有益于人体生长和身体健康，尤其对缺乏蔬菜的地区更有食用意义和营养价值。

野菜含有很丰富的维生素，是膳食中纤维素的很好来源。野菜中还含有蛋白质、氨基酸、多糖以及黄酮类、生物碱类、萜类等物质。

2. 保健作用好

野菜中许多营养成分本身就是良药。维生素 C 能防坏血病；胡萝卜素对夜盲症、弱视及近视等眼疾有疗效；粗纤维具有吸水性，能增加粪便量，刺激胃肠蠕动，促进消化腺分泌，帮助消化，对肥胖症、高胆固醇血症和结肠炎有预防作用，它还有离子交换能力和吸附作用，可分解有害物质。经研究证明，适宜的粗纤维素对预防直肠癌、糖尿病、冠心病、胆结石、痔疮等疾病均有益处。

3. 利用潜力大

我国幅员辽阔，各地区气候与自然生态环境差别较大，蕴藏着丰富的野菜资源。全国栽培蔬菜 160 多种，野菜 1000 多种。目前已开发利用的野菜 100 多种，占野菜种类总数的 10% 左右，且野菜的研究以及规模化开发、生产、利用较少。各地野菜的利用率也相当低。因此，我国野菜有 90% 的种类和 97% 的蕴藏量有待开发。

三、野菜的食用方法

1. 鲜食

（1）**生食与凉拌**　这类野菜都是已知无毒、无苦涩味或带有甜酸味的野菜。如马齿苋、马兰头、蒲公英、荠菜、小根蒜等，用沸水烫后，再用清水冲几次，调入酱油、精盐、食醋、麻油及少许白糖和味精便可食用。许多野菜可直接食用。

（2）**炒食或蒸煮食**　凡是已知无毒、无特殊气味或无苦涩味的野菜都可以直接炒食。如地肤、野苋菜、荠菜、鸡冠花、刺儿菜、鸭跖草等，将其嫩叶清洗干净即可炒食或煮食，亦可蒸馒头、蒸窝头、做包子馅、做饺子馅等。既可素炒，也可加肉炒，还可做汤。

（3）**煮浸炒食**　对有些具有苦涩味的野菜，如仙鹤草、水芹、苦荬菜、酢浆草、黄花败酱和艾蒿等，可将嫩芽洗净，在沸水中或盐水中煮 5 ～ 10min，然后泡在水中数小时，将苦涩味浸出冲洗干净，再炒食或蒸食用。

（4）**腌渍**　有些无毒、无苦涩味的野菜经过腌渍后别有风味。如蕨菜、鱼腥草，用糖醋浸渍后十分可口而又不失去它的香味，还可保存大量的维生素。

（5）做甜食 很多野菜的茎、根、地下茎、果实、种子可制作果脯、果酱、甜羹、甜汤、粥等。

（6）野菜宴席 近年来，在我国的大中城市的一些餐馆中，出现了野菜宴席，有的以野菜的凉菜上席，有的则配以鸡鸭鱼肉上席，有的甚至是整桌的野菜宴，还有的推出了以野菜为主的保健药膳席。

2. 制干菜

大部分野菜都可以先经开水烫煮去毒后，晒成干菜。此方法主要适于一些季节性采摘时间短，而又易大量集中采摘的品种。如蕨菜、薇菜、东亚唐松草、黄花菜、马齿苋、丝石竹、盐地碱蓬、海带、紫菜、多种蘑菇等。我国民间有很多好的制干经验。

3. 制酸菜

酸菜属于发酵酸渍制品。酸菜在腌渍过程中，除产生乳酸外，也产生少量醋酸和酒精等。这些有机酸与酒精作用生成酯，使酸菜有芳香味。

4. 腌咸菜

新鲜野菜加入适当的食盐腌制，使细胞内的水分和可溶性物质析出，同时盐渗入到野菜里，使制品获得咸味。用盐量15%～20%，一般有害微生物就受到抑制。夏季用盐量为原料的25%～30%，秋、春季为20%～25%，冬季为16%～20%，但用盐量随野菜种类、含水量的不同而不同。

四、我国野菜资源现状及发展前景

1. 野菜资源现状

（1）**野菜资源丰富**　我国野菜种类多、分布广、富含多种营养且不少有药用价值。种质资源丰富，多达1000多种，常见广为分布的有100多种，分属30多科。现代科学调查发现，可以食用的野生蔬菜有近300种，较常见的约有150种。野菜在我国的分布很广，从东北、西北、华北到西南云贵高原、长江中下游直至华南都有。由于不同地区生态环境的差异和野生蔬菜本身种类与生物学特性的不同，野菜在不同地区的分布上也有种类和数量上的差异，如有些种类的野菜的适应性广，在全国都有分布，而有些种类则只在一定地区分布，从而形成地区间的差异与特点。

（2）**野菜产业发展很快，规模不断扩大**　随着商品经济的不断发展和外贸出口的需要，我国野菜生产发展很快，由原来的自采自食向综合开发利用、工厂收购加工发展，成批销售或出口。全国已建成多个野菜生产基地和野菜加工厂，蕨菜、薇菜、龙须菜、紫花地丁、蒲公英、山芹菜等出口日本、韩国、西欧、东南亚等地。野菜人工栽培不断扩大。如食用真菌人工栽培已在全国20多个省市成片的大面积发展，40多种已试栽成功，20多种已大量生产，产量已达70万吨。野菜深加工的研究正在进行，加工品的种类和方法也出现多样化、高档化，除传统的干制、腌制外，还开发罐制品、盐制品、小菜制品、野菜汁和野菜保鲜品，使我国野菜有10余种出口到20多个国家和地区，每年为国家换取大量外汇。

（3）采收不均衡不科学，大量资源处于待开发状态

① 传统品种资源逐年减少　由于国内国外对野菜商品需求量大，加之管理不善，人们对野菜不加节制无计划大量采收，人工栽培又处在起步阶段，规模和数量有限，导致某些品种资源不断减少。

② 开发的品种单一，力度不够　我国可食用的野菜达几百余种，但是生产加工的仅限于多年来一直食用和采收的十几种或几十种，开发利用量只有其蕴藏量的 5% 左右。传统的自采自食方法，导致野菜采集不均衡，有些品种常用且采集方便就大量采收，有些品种不为人们接受且难采集就不理不睬，致使部分名优品种被埋没在深山老林，得不到开发利用。

③ 部分产品质量差，限制了野菜产业的进一步发展　有些野菜加工厂设备落后，工艺简单，无科学措施，缺乏对野菜产品的系统研究，加工程序简单，导致产品质量差。应从各方面加大开发力度，使野菜这一宝贵资源真正成为优质商品。

2. 野菜资源发展前景

（1）国际国内市场潜力大　由于野菜具有"鲜、绿、野"和"营养、美味、保健"之特点，深受国内外朋友青睐。野菜不仅可以鲜食，亦可供加工，如脱水、速冻、腌制、制粉、制酒以及糖制等。既可在国内销售，又可出口外销。传统品种出口达几十种之多，多年来一直销往东南亚、韩国、日本及欧美等地。国内市场商品也供不应求，改革开放以来，人们在解决温饱问题之后，对饮食的质量和口味有了新的要求，逐渐倾向于绿色、安全、营养、保健的野菜，不少外商相继在我国投资合作进行野菜的开发生产，市场前景广阔。

（2）野菜商品价值高　野菜采集成本低，方法简单，经济效益可观，是可获得高额利润的在国内外市场上畅销的商品。同时进行野菜的采集和加工还可充分利用林区、农村的剩余劳动力，解决就业，减轻社会负担。

（3）野菜产业是新兴产业，发展人工栽培潜力大　野菜由于长期处在自然生长的条件下，得不到人为的栽培与管理，受自然条件的限制，产量低而不稳定，难以形成规模；同时受自然气候的影响，不能达到周年生产、周年上市，加之人工采集，导致数量不断减少。为了使野菜能永续相继利用，周年不断，就要进行人工栽培。人工管理不仅可以克服不利的自然条件的影响，而且可以提高产量，使其生长季节和供应期延长，不仅能够做到大量供应上市，而且可以显著提高效益，增加农民收入。我国目前人工栽培还在起步阶段，发展人工栽培前景很大。

（4）野菜加工要向深、全、精、细方面发展　对野菜要进行深度加工，改变过去简单粗放的加工出口状况。根据所销售的国家和地区的饮食习惯，加工成各种不同风味的野菜或结合各种野菜的营养成分制成复合方便菜、各种罐头、软包装食品或用野菜和野果加工成野菜果汁等，销往国内外市场，以提高经济效益。同时广泛开展野菜的营养价值和药理作用的研究工作，逐步解决其保鲜、贮存和加工等技术工艺难题。野菜的开发不仅可向食用方向发展，还可将其制成添加剂、品质改良剂，应用于食品、医药、化妆、纺织、饮料等行业。故综合利用潜力大，具有很高的商品价值，全面综合开发利用现有资源，具有十分重要的意义。

（5）野菜资源的充分开发利用要与合理保护相结合

① 野菜资源开发利用要有序，深挖细采，采收应从长远发展的观点出发，适时适量地进行，防止资源浪费和过度采集。只依

靠采收野生资源已不能满足需要，要进行人工栽培，扩大栽培品种，栽培种类应具备营养丰富、产量高、需求量大等条件。栽培环境要接近自然水、肥、气、土等条件，无污染，要符合无公害蔬菜生产的要求，还原野菜原始本色。

② 建立商品生产基地，进行适当规模和集约经营是野菜发展的当务之急，进行野菜的家化栽培繁殖研究，对名贵的野菜如松茸、蕨菜等进行人工繁殖和栽培方面的研究，以便扩大其分布面积，提高产量和质量。重视尚未利用的野菜的开发利用，有些野菜由于储量少或风味不佳没得到充分利用，但由于它们具有较强的抗病虫能力和对当地气候条件适应能力强，可作为某些蔬菜杂交育种的亲本材料，应用在蔬菜优良品种的选育上。

③ 提高野菜产品质量。采用科学的现代工艺创造良好的生产环境，产出高品质的野菜产品，满足市场需求。

第二章
野菜栽培设施

一、日光温室

日光温室是节能日光温室的简称，又称暖棚，是我国北方地区独有的一种温室类型，通过后墙体对太阳能的吸收实现蓄放热量，维持室内一定的温度水平，以满足蔬菜作物生长的需要。

日光温室的结构各地不尽相同，分类方法也比较多。按墙体材料分主要有干打垒土温室、砖石结构温室、复合结构温室等；按后屋面长度分有长后坡温室和短后坡温室；按前屋面形式分有二折式、三折式、拱圆式、微拱式等；按结构分有竹木结构、钢木结构、钢筋混凝土结构、全钢结构、全钢筋混凝土结构、悬索结构、热镀锌钢管装配结构；按日光温室发展出现时间早晚分有第一代普通型日光温室（以海城感王式日光温室和鞍Ⅰ型日光温室为代表）、第一代节能型日光温室（以瓦房店琴弦式日光温室为代表）、第二代节能型日光温室（以辽沈Ⅰ型日光温室为代表）、第三代节能型日光温室（以辽沈Ⅳ型日光温室为代表）。在设施专用品种选育、新型温室设施的设计、环境自动控制系统和计算机专家管理系统、主要园艺作物种植工艺、病虫害综合防治等方面取得了较大进展。

目前我国生产上应用的日光温室类型多样，即普通日光温室、第一代节能型日光温室、第二代节能型日光温室、第三代节能型日光温室同时存在。其中仍以竹木结构普通型日光温室居多，第一代和第二代节能型日光温室占35%～45%，第三代节能型日光温室甚少，不加温温室类型占总量的95%以上。第二代和第三代节能型日光温室的保温、加温、放风、灌溉、施肥等环境调控设施设备不断完善。

1. 砖石钢架结构日光温室

（1）鞍Ⅱ型节能日光温室 鞍Ⅱ型节能日光温室是由鞍山市园艺研究所设计的一种无立柱圆拱结构的节能日光温室（图2-1）。该温室前屋面骨架为钢结构，无立柱，墙体为砖结构空心墙体，或是内衬珍珠岩组成的复合墙体，后屋面是钢架结构，上铺木板

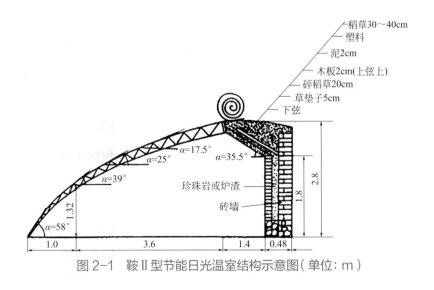

图2-1　鞍Ⅱ型节能日光温室结构示意图（单位：m）

或草垫、苇席、旧薄膜等，用稻草、芦苇及草泥等作防寒保温材料，再抹 2cm 左右的泥，总厚度 40～50cm。该温室采光、增温和保温性能良好，空间较大，利于作物生长和人工作业。建造时各地可根据实际情况调整温室脊高、后坡水平投影长度及墙体厚度等。

（2）辽沈 I 型节能日光温室　辽沈 I 型节能日光温室是沈阳农业大学设计的高效节能日光温室，也是第二代节能日光温室的样板，在北方大面积推广。这种温室在结构上有如下特点：跨度 7.5 米，脊高 3.5m，后屋面仰角 30.5°，后墙高度为 2.5m，后屋面水平投影长度为 1.5m（图 2-2），墙体为砖与聚苯板的复合墙体，后屋面也采用聚苯板等复合材料作保温层，拱架材料采用镀锌钢管，配套有卷帘机、卷膜器、地下热交换等设备。建造时各地可根据实际情况调整温室脊高和后坡水平投影长度等。

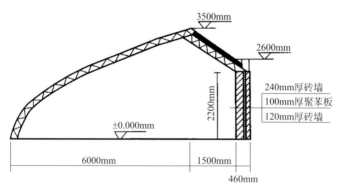

图 2-2　辽沈 I 型节能日光温室结构示意图

（3）辽沈 IV 型日光温室　温室脊高 5.5m，跨度 14m，后墙高 3m，后坡仰角 45°，骨架间距 85～90cm。大幅度增加了温室空间，并首次设计制造了缀铝箔夹心聚苯板空心墙体，提高了大型日光温室的墙体保温能力（图 2-3）。

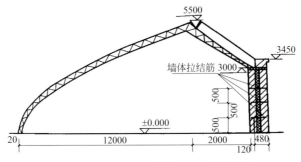

图2-3 辽沈Ⅳ型日光温室结构示意图（单位：mm）

2. 土墙钢架结构温室

由于砖石墙温室造价太高，农民经济负担太重，因此许多地区用土墙代替砖墙，大大降低了建造成本，而且该类型温室保温性能好，在生产实践中取得了很好的生产效果。

这种温室的前屋面仍采用钢架结构，保持了良好的采光能力。而山墙和后墙均用土堆砌而成，用推土机或抓勾机就地取土，堆砌压实，切平内墙面。墙底部宽4～5m，顶部宽1.5～2m。后墙内侧每3m立一根水泥柱（可埋在墙内），柱顶端横向固定钢管或钢丝绳，用于支撑拱架后端（图2-4）。后屋面结

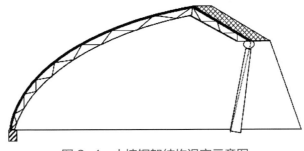

图2-4 土墙钢架结构温室示意图

构与鞍Ⅱ型温室相近，只是后屋面至墙顶部需覆盖塑料，以防止雨水冲刷。

3. 一斜一立式塑料薄膜日光温室

这一类型的温室是在 20 世纪 80 年代初期由辽宁瓦房店地区菜农创造出来的。跨度 7～8m，脊高 3m，前屋面角 20°左右，前坡面为琴弦状斜面，前立窗高 0.8m，墙体 2m，有立柱（图 2-5）。这种温室的优点是空间大，土地利用率高。但在使用中也发现一些问题，比如采光性能比不上半拱圆型日光温室，温室最前部分比较低矮，不方便作业，后墙建造用土、用工量大等。

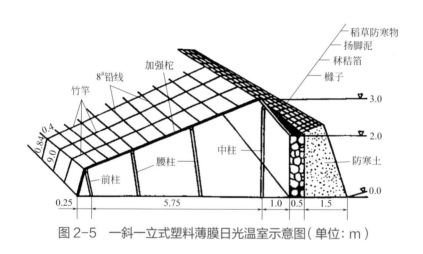

图 2-5　一斜一立式塑料薄膜日光温室示意图（单位：m）

二、塑料大棚

1. 钢架结构塑料大棚

大棚的骨架是用钢筋或钢管焊接而成的，其特点是坚固耐用，中间无立柱或少立柱，通常大棚宽 10 ～ 12m，高多为 2.5 ～ 3m，长 50 ～ 60m，单栋面积多为 1 亩（1 亩≈ 666.7m²）。这种大棚空间大，便于作业，遮光少，有利于植物生长。

钢架大棚的拱架较实用的是双梁平面拱架，是由上弦、下弦及中间的腹杆连成的桁架结构。棚内无立柱，跨度一般在 10 ～ 15m，棚的脊高也大多为 2.5 ～ 2.7m，每隔 1.0 ～ 1.2m 设置一个桁架结构的拱架（图 2-6）。单栋钢骨架大棚扣塑料棚膜及固定方式，与竹木结构大棚相同。压棚膜时一般不用压杆，而多采用压线，这样才能更好地使压线随大棚的拱架形状而保持一致，紧密与棚膜贴在一起。钢架大棚在棚两端的棚膜向下拐角处，往往焊成圆弧形，避免拐角尖而损坏棚膜。钢架大棚使用过程中需要注意维修和保养，每隔 2 ～ 3 年应涂漆防锈，增强耐锈蚀能力。

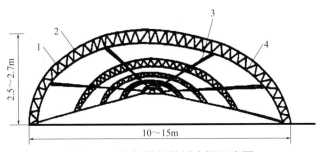

图 2-6　钢架结构塑料大棚示意图

1—下弦；2—上弦；3—纵拉杆；4—拉花

2. 竹木结构大棚

竹木结构大棚有落地拱形、支柱拱形和屋脊形等（图 2-7）。这种大棚以竹木为骨架材料，取材方便，成本低廉，支架较多，

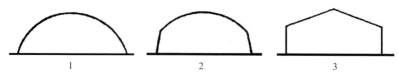

图 2-7 竹木结构大棚的横断面形状

1—落地拱形；2—支柱拱形；3—屋脊形

较牢固。竹木大棚一般跨度为 10 ～ 14m，高度多为 2 ～ 2.5m，长 40 ～ 60m，由支柱、拱杆、拉杆、棚膜、压杆（压线）和地锚等构成。

竹木结构大棚采用直径 3 ～ 6cm 竹竿作为拱杆，每 1m 左右设一拱杆，拱杆两端要插入地中。每隔 2 ～ 3 个拱杆需在拱杆下设支柱，在该拱杆下每 2 ～ 2.5m 设一支柱。支柱用木杆或水泥预制，支柱要有 30cm 以上埋入土中。支柱顶部沿棚室纵向用直径 8cm 松木做梁，同时纵向用直径 3 ～ 4cm 竹竿作为系杆连接拱杆和支柱，使整个棚室骨架连接成一个整体（图 2-8、图 2-9）。多用 8 号铅丝作压膜线，铅丝两端固定在预先埋在两个拱杆中间的钢筋钩上用于固定棚膜。

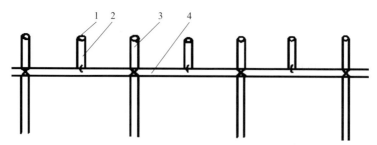

图 2-8 "悬梁吊柱"示意图

1—与拱杆连接的位置；2—吊柱；3—支柱；4—拉杆

图 2-9　大棚骨架连接处处理示意图

1—铁丝；2—拱杆；3—钻孔；4—支柱；5—缠布或湿稻草

3. 镀锌钢管装配式大棚

自 20 世纪 80 年代以来，我国一些单位研制出了定型设计的装配式管架大棚，这类大棚多是采用热浸镀锌的薄壁钢管为骨架建造而成的，拉杆拱杆和棚门的材料都相同，无立柱。这种大棚拉杆密，多的不足 1.5m 就一道，用专门的连接部件把拉杆与拱杆紧紧固定在一起，使整个大棚的骨架浑然一体，增强了抗压能力。

这类大棚扣棚时，用专用的塑料压膜线，以及卡槽、蛇形钢丝弹簧等固定棚膜。由于拉杆与拱架几乎在同一个面上，为了不磨坏棚膜，不能用普通压杆、铁丝等来代替专用压线。不用设地锚，有专门固定压线的位置，有的还有紧线装置，还有的大棚两侧附有手摇式卷膜器，取代人工扒缝放风。

尽管镀锌钢管装配式大棚目前造价较高，但由于它具有重量轻、强度高、耐锈蚀、易于安装拆卸、中间无立柱、采光好、作业方便等特点，同时其结构规范标准，可大批量工厂化生产，所以在经济条件允许的地区，可以大面积推广应用。大棚实现标准化后，也利于进一步实现机械化。

三、塑料中棚

　　中棚也叫中拱棚，一般跨度为 3 ~ 6m。在跨度 6m 时，以高度 2.0 ~ 2.3m、肩高 1.1 ~ 1.5m 为宜；在跨度 4.5m 时，以高度 1.7 ~ 1.8m、肩高 1.0m 为宜；在跨度 3m 时，以高度 1.5m、肩高 0.8m 为宜；长度可根据需要及地块长度确定（图 2-10）。另外，根据中棚跨度的大小和拱架材料的强度，来确定是否设立柱。用竹木或钢筋作骨架时，需设立柱；而用钢管作拱架则不需设立柱。中棚由于跨度较小，高度也不很高，可以加盖防寒覆盖物，这样可以大大提高其防寒保温能力，在这一方面要优于大棚。按材料的不同拱架可分为竹木结构、钢架结构，以及竹木与钢材的混合结构。

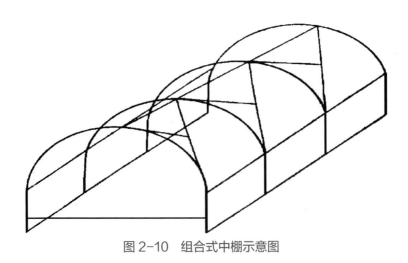

图 2-10　组合式中棚示意图

四、塑料小拱棚

小拱棚结构简单，主要用竹竿、毛竹片或钢筋做骨架。两端插到畦埂或垄沟里，围成拱圆形，每隔 40 ~ 50cm 插 1 根。外面覆盖农用塑料薄膜，四周用土压实。为了提高小棚的放风保温性能，夜间可在小棚外面盖上草苫，次日上午把草苫揭开。

中小拱棚由于结构简单，建造成本低，所以是全国各地应用最普遍、面积最大的简易设施，其透光性能好，增温速度快，多用于短期覆盖。人不能在小棚内直立行走和作业，只有揭开棚膜后才能进入操作。

五、连栋温室

1. 内保温连栋温室

内保温连栋温室是辽宁农业职业技术学院专家设计的一种内设保温设施的连栋温室，在北纬 40° 可从 1 月投入生产，12 月结束生产。投资少，性价比高。在北纬 38° 以南地区可以周年生产，圈放棚膜和保温被由手动完成。

2. 标准化连栋温室

标准化连栋温室常见于北纬 38° 左右地区，3 月初开始生产，11 月末结束生产。设有内遮阳、内保温、湿帘和排风机，操作由人按电钮电动完成。

3. 智能化连栋温室

智能化连栋温室是一种高标准连栋温室，可四季进行生产。有内保温、外遮阳、自动供水系统、湿帘和风机。水、光、温全部由计算机远程控制。

第三章
野菜栽培技术

一、刺嫩芽

刺嫩芽，别名龙牙楤木、东北楤木、辽东楤木，俗名刺龙芽、刺嫩芽等，为五加科楤木属落叶小乔木或灌木。刺嫩芽的嫩芽为食用部分。现代研究表明，刺嫩芽富含 16 种氨基酸和 22 种微量元素，其中人体必需的钙、锰、铁、钛、镍、铜、锗等含量比人参中的还高，因而深受人民大众的喜爱，被誉为"山野菜之王""天下第一山珍"，素有"南香椿、北龙芽"之称。刺嫩芽质地嫩脆、芳香浓郁，需求量逐年增加，是一种栽培前景广阔的木本野菜。

1. 生物学特性

（1）形态特征　刺嫩芽高 1.5 ～ 6m，树皮灰色，密生坚刺，老时逐渐脱落，仅留刺基。叶互生，2 ～ 3 回羽状复叶，长 40 ～ 80cm；果实球形，黑色（图 3-1）。花期 6 ～ 8 月，果熟期 9 ～ 10 月。种子肾形，千粒重 1.4g 左右（图 3-2）。刺嫩芽主要分为无刺或少刺的绵刺嫩芽（图 3-3）和多刺的铁杆刺嫩芽（图 3-4）。

图 3-1　刺嫩芽植株

图 3-2　刺嫩芽的种子

图 3-3　绵刺嫩芽

图3-4 铁杆刺嫩芽

（2）生态习性与分布 刺嫩芽喜阳光充足，喜土质疏松透气、排水良好、肥沃的中性或偏酸性壤土或沙壤土，喜温暖湿润气候，20～30℃的温度较为适宜，抗寒性极强，−50～−40℃能安全越冬。

刺嫩芽在我国主要分布于东北、华北以及河南北部、云南、贵州等地，日本、朝鲜、韩国及俄罗斯远东地区也有少量分布。生于海拔250～1000m的林缘、灌丛及疏林中。

2. 种苗繁育

刺嫩芽可采用播种繁殖、根段扦插繁殖及组织培养繁殖。

（1）播种繁殖

① 选种 刺嫩芽种子黑熟时采收，采集外表有光泽、种仁饱满的新鲜果实，放入口袋中，置于潮湿、冷凉处10～15d，完成后熟。然后将果实放入清水中搓去果皮，淘洗去杂，去除漂浮在上面的空瘪种子，沥水晾干。

② 沙藏 将浸泡后晾干的种子与5倍体积的细河沙混拌均匀，调节含水量为60%左右，堆放在冷凉处，经常翻动，干时用水调湿。11月初，将种沙埋入室外事先挖好的深50cm的坑中，上埋15cm厚的新土，进行室外低温层积处理（图3-5）。

③ 播种 5月初当地温稳定在5℃以上时整地播种。选地势平坦地块，每亩施入腐熟农家肥3000kg，深翻土地35cm，做成

图 3-5　刺嫩芽种子低温层积处理

宽 120cm、高 15 ～ 20cm 的高畦，耙平畦面后将种沙均匀撒播，上盖 1cm 厚的细木屑或草炭，浇水，以后保持畦面湿润。播种后 25d 左右齐苗（图 3-6）。苗期注意浇水、除草。

图 3-6　刺嫩芽出苗后

（2）根段扦插繁殖

① 种根处理　可在刺嫩芽正常落叶后到土壤封冻前（10 下旬至 12 月上旬）或来年土壤解冻后到刺嫩芽萌动前 2 周（2 月上旬至 2 月下旬），将直径在 0.5cm 以上、无病虫害、表皮发白、柔韧的 1 ～ 2 年生肉质根整根挖出，尽量避免表皮损伤。

在背风阴凉处将采集到的种根剪去根杈并剔除损伤部位；再按直径大小进行分级、制段，一般按 7mm 以下、7 ～ 10mm、10mm 以上进行分级并分别按长度 10cm、8cm、6cm 左右制段后分级堆放（图 3-7）；后将分级的种根放入 0.1% 高锰酸钾溶液 + GA$_3$（赤霉酸）1000 倍液中浸泡 60min 后捞出，立即进行栽植。

② 整地做畦　与种子繁殖相同，大畦床上开四条沟，沟深 10 ～ 15cm，将根条剪成 15 ～ 20cm，上端朝上，间距 20cm 摆入沟中（图 3-8），覆土 13 ～ 18cm，浇水。

（3）组织培养繁殖　选萌芽 1 ～ 2 周的幼嫩叶柄为外植体，先用 70% 的酒精消毒 30s，2% 的次氯酸钠消毒 10min，再用无菌水冲洗 5 次，剪切成 0.5cm 的小段，接种于诱导培养基，在 24 ～ 26℃、光照 1500 ～ 2000lx、每日光照 12 ～ 16h 条件下培

图 3-7　分好级的刺嫩芽种根

图 3-8　刺嫩芽种根栽植到畦沟中

养，5～7d后切口处开始膨大，形成愈伤组织，并伴有胚状体的产生（图3-9）；初代诱导的材料转接到继代培养基［MS+2,4-D 1.0mg/L+6-BA（苄氨基嘌呤）0.01mg/L+蔗糖30g/L+琼脂8g/L］上，30d继代1次，每个广口瓶一年内可增殖1024个胚状体绿块；在无菌条件下，将胚状体小绿块转接到MS+琼脂7g/L+活性炭1.5g/L培养基上，再用解剖刀或弯头挑针将长满小绿芽的胚性愈伤组织轻轻挑开，每块成苗10株，每瓶年产绿苗2000～3000株，成活率10%左右。当植株高3～4cm时，从培养基中取出，洗去琼脂，栽入灭菌的蛭石+珍珠岩（体积比1：1）育苗盘中，罩塑料薄膜保湿。1周后逐渐通风炼苗，以后便可栽到露地苗床中。

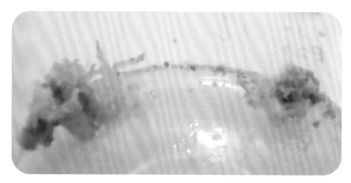

图3-9　刺嫩芽叶柄诱导的胚状体

3. 栽培管理关键技术

（1）露地栽培　露地平坦地块做宽1.2m的平畦，按50cm间距定植在畦床中心，定植后浇一次透水，成活后耙平畦面（图3-10），定期除草。

当第二年春季，顶芽长至15cm以上时采收（图3-11），侧芽10cm以上时采收。采收后去除植株基部萌蘖，基部留3～5个

图 3-10　刺嫩芽露地定植

图 3-11　刺嫩芽顶芽

芽修剪。第三年春季采收后，修剪方法不变。

为了提高刺嫩芽的产量和品质，可将萌芽后的顶芽用果袋套上（图 3-12），芽长 25 ～ 30cm 时采收（图 3-13）。

图 3-12　露地刺嫩芽套袋

图 3-13　可采收的套带芽

（2）荒坡地栽培　清除荒坡地的杂草、树根等杂物。按行距160cm、株距50cm挖30cm深鱼鳞坑，4月中上旬定植。为了促进生长，定植穴内先施入硝酸铵20g、磷酸二铵15g、硫酸钾10g，与表土混合施入，再填底土，防止烧苗。

（3）塑料大棚栽培　在塑料大棚两侧整地做畦，按50cm间距定植。为了提高生产效益，可与短梗五加、大叶芹等混作套种（图3-14）。

短梗五加于3月下旬在刺嫩芽两侧距畦床边缘10cm按株距35cm定植，然后耙平畦面，将层积处理后的大叶芹种沙均匀撒播，覆土0.5cm。7d后大叶芹出齐苗（图3-15）。以后注意除草、干时浇水，生长期不做可能伤根的作业。夏季刺嫩芽进入旺盛生长期（图3-16），直到秋季（图3-17）。

第二年春季2月上旬，将短梗五加平茬。3月初扣棚膜升温，浇一次透水，7d左右刺嫩芽萌芽，此期注意棚温管理，白天温度控制在20～25℃，室温高于25℃及时放风。

图3-14　刺嫩芽塑料大棚套种

图3-15　刺嫩芽套种大叶芹

图 3-16 刺嫩芽夏季生长状 　　　　　　图 3-17 刺嫩芽秋季生长状

　　4 月初开始采收。刺嫩芽先采收顶芽，然后采侧芽（图 3-18）。采收后进行修剪，方法是枝条剪留三分之一；短梗五加长至 25cm 左右，从基部割收；大叶芹长到 25cm 时用镰刀收割。采收完毕后揭去棚膜，保存好备下一年使用。施一次基肥，每畦撒入干鸡粪

图 3-18 刺嫩芽采收期

20kg，浇水。次年3月初扣棚膜升温，进入下一个生产期。

（4）温室栽培　温室栽培刺嫩芽必须采取套种方式，否则成本高，效益低。一般套种大叶芹、鸭儿芹等。以套种鸭儿芹为例。

①整地做畦　4月初进行，每畦撒入干鸡粪20kg，深翻土地25cm，做成宽120cm的低畦，过道宽40cm（图3-19）。

②将刺嫩芽苗按50cm株距定植于畦正中央，浇水后覆土。第二天将畦面耙平后浇足底水，将鸭儿芹种子在畦内以20cm行距条播。7d后出苗，以后注意浇水、除草。

③鸭儿芹采收　当鸭儿芹长至30cm时采收。采后施一次基肥，每畦撒入干鸡粪20kg，浇水。40d后鸭儿芹便可采第二茬，以后每40d采一次。11月初上草苫，不升温，利用自然低温解除刺嫩芽休眠。具体做法是将草苫放下，12月初开始卷放草苫升温（图3-20），20d后刺嫩芽便可采收。40d后鸭儿芹开始采收。

（5）促成栽培　11月20日后（辽南地区），将露地栽培或山上栽培的刺嫩芽枝条割下，运至日光温室，切成40～50cm

图3-19　刺嫩芽温室生产整地做畦

图3-20　刺嫩芽温室升温后生长状

段，将带顶芽的和不带顶芽的分开按 50～100 个扎成一捆。在日光温室内南北向做宽 100cm 水槽，每水槽间过道 40cm。水槽内衬厚塑料，将刺嫩芽捆紧密摆入槽中（图 3-21），然后向水槽中注水 15cm 深。控制棚温白天 18～20℃，夜间不低于 5℃。40d 后，当芽长 20cm 左右时采收，扎捆销售（图 3-22～图 3-24）。

图 3-21　促成栽培刺嫩芽枝条摆入槽中

图 3-22　刺嫩芽枝条顶芽萌动

图 3-23　刺嫩芽枝条顶芽生长

图 3-24　刺嫩芽促成栽培采收

4. 病虫害防治

（1）**根腐病**   防治方法是将病株及其相邻株挖出烧毁，病穴用福尔马林等药物消毒。

（2）**疮痂病**   在休眠期喷施 65% 五氯酚钠可溶粉剂 500 倍液进行预防（图 3-25）。

（3）**白绢病**   栽前用 50% 多菌灵可湿性粉剂或 50% 甲基硫菌灵可湿性粉剂 500 倍液处理种苗和根段（图 3-26）。

图 3-25　刺嫩芽疮痂病

图 3-26　刺嫩芽白绢病

二、短梗五加

短梗五加又名无梗五加、绿参，俗名乌鸦子、刺拐棒，属五加科五加属落叶灌木或乔木。短梗五加生长于针阔混交林内、林缘、灌木丛间及溪流附近，属药、食及多功能性产品集一体的植物，由于其嫩茎无污染、口味独特，且是贵重的中草药，具有保健功能，所以短梗五加一直是辽东山区民间喜食的野菜珍品，经济价值高，市场需求量大。随着短梗五加社会需求量的不断扩大，野生资源日渐枯竭，为满足消费者需求，近年来陆续开始人工栽培，产品除供应国内市场外，还远销日本、韩国、欧美等地。

1. 生物学特性

（1）形态特征　短梗五加茎通常密生刺，并有少数笔直的分枝，有时散生，通常细长，常向下。掌状复叶，互生，有小叶 5 枚，有时 3 枚；伞形花序单个顶生或 2～4 个聚生，具多花（图 3-27）。果实球形至卵形（图 3-28），长约 0.8cm，有 5 棱。种子扁肾形（图 3-29），千粒重 10～12g。

（2）生态习性与分布　短梗五加为阳性树种，且耐荫，在荫蔽度 50%～60% 条件下均能良好生长，菜用栽培时要适当遮光。对土壤要求不严，但喜腐殖质较多的壤土，适宜 pH 值 6～8。喜冷凉，耐寒怕热，-40℃能安全越冬，高温强光叶片变黄，边

图 3-27　短梗五加植株

图 3-28　短梗五加的果实

图 3-29　短梗五加的种子

缘日灼。喜湿润，耐干旱，怕水涝。喜生于林缘或开旷地、山坡灌丛、山沟溪流附近等处，单生或成小丛。

短梗五加主要分在黑龙江、吉林、辽宁、河北、山西等地，朝鲜、俄罗斯和日本也有分布。在辽宁省主产于鞍山、抚顺、本溪、丹东、营口、辽阳、铁岭的深山中。

2. 种苗繁育

短梗五加可采用播种、扦插和组织培养繁育。

(1)播种育苗

① 种子采集与处理　10月末，当果实黑熟时采收（图3-30），采下的果实先在冷凉处堆放，一周后，用水淘洗，去除杂质，将沉于水底的种子（图3-31）与3倍体积的细河沙混拌均匀，调节含水量60%左右，用丝袋装好，埋于室外40cm深坑中，覆土10cm，上面做成龟背形。种子经过连续两个冬季的低温层积处理，于第三年春季可播种。

② 播种　4月下旬整地，做120cm宽高畦，过道40cm，将

图 3-30　短梗五加黑熟的果

图 3-31　短梗五加淘洗去杂后的种子

种沙均匀撒于床面，上覆木屑 1cm，然后喷水，经常保持床面湿润，10d 后出苗（图 3-32）。经过 1 个生长季节，秋季苗高可达 10～20cm（图 3-33）。

（2）硬枝扦插　4 月下旬，选取 1～2 年生枝条，将其截取成 10cm 的枝段，每 50 根扎成 1 捆，放入 ABT 1 号生根粉溶液中浸泡 8h，1g 生根粉可处理插条 3000～5000 株。育苗床面用

图 3-32　短梗五加出苗后

图 3-33　短梗五加秋季生长状

0.5%高锰酸钾溶液喷淋，浓度为3000mL/m²。按5cm×20cm的株行距扦插，扦插深度为5cm，按实后及时淋水，使插穗与土壤紧密结合。扦插时要分清极性，梢头向上，不可倒立扦插。若不能及时扦插，也可在15%左右的保湿条件下遮光储存。

（3）根条扦插　在4月下旬，将粗度4～8mm的肉质侧根，截成10cm段，每50根扎成1捆，用ABT 1号生根粉溶液浸泡8h，然后用草木灰蘸根系粗的一侧，插于圃地。根系粗的一侧与地面齐平，其他管理方法同硬枝扦插，踩实后撒上一层浮土，灌透水，覆盖树叶。

（4）组培育苗　1月份，在优良母株上，选择粗壮枝条剪下，放入温暖室内扦插在沙土中，培养使其萌发嫩枝。约1个月后出现芽苞，2个月后嫩枝长至3～10cm可剪下作为外植体材料。将取好的外植体材料用流水冲洗6h，在消毒前用剪刀把小嫩枝剪成2cm长的小段，要求每个小段上有一个腋芽或顶芽。然后用苯扎溴铵溶液处理20min，升汞处理10min，无菌水冲洗7次，再接种到事先准备好的培养基上（图3-34）。基本培养基为MS+蔗糖30g/L+琼脂7g/L，pH值7.3。前期诱导添加激素为BA 1.5mg/L+NAA（萘乙酸）1.0mg/L+GA 0.5mg/L，继代培养添加激素为BA 1mg/L+NAA 1mg/L+GA

图3-34　短梗五加茎段培养

0.5mg/L，后期生根培养添加激素为 NAA 0.1mg/L。培养温度为（24±1）℃，光照强度 2000 ～ 3000lx，每日光照 11h。

3. 栽培管理关键技术

（1）露地栽培

① 定植与管理　4月初，整地做畦，宽 120cm，高 15cm，长度随地形而定，按株行距 35cm×45cm 挖坑定植，定植后浇水，覆土。注意浇水，除草（图 3-35）。

② 平茬与采收　经过一个生长季节，第二年春季萌芽前一个月将地上部分全部剪掉，留茬高度不高于 2cm，浇一次透水。露地栽培 4 月下旬当嫩茎叶高达 25cm 左右时可采收（图 3-36），采收时用手指贴茎基部折断，其基部应留 2 片叶，以利于生长季再萌发二次梢，实现壮梢养根。

③ 露地留种　露地栽培保留一些植株不采（图 3-37），以备开花结实，短梗五加从第三年开始每年开花结实，可留种以备扩大生产（图 3-38）。

图 3-35　短梗五加露地生产定植后

图 3-36　可采收的短梗五加嫩梢

图 3-37 短梗五加预留植株

图 3-38 短梗五加预留种

（2）塑料大棚栽培

① 定植与管理 大棚内整地做畦，株行距 35cm×45cm 挖坑定植，定植后浇水，覆土。注意浇水，除草（图 3-39）。

② 平茬与采收 经过一个生长季节，翌年 2 月末平茬，3 月初扣棚膜升温，3 月下旬可采收。

图 3-39 短梗五加大棚生产定植后

③ 采后管理　采收后揭去棚膜（图 3-40、图 3-41），以备下一年使用。以后注意除草、干时浇水。下一年 2 月末平茬，3 月初扣棚膜升温，3 月下旬采收，可连续生长多年。

（3）日光温室栽培

① 定植与采收　为了提高生产效率，日光温室定植短梗五加时可直接栽培 2 年生的根苗。4 月初在日光温室内整地做畦，按株行距 35cm×45cm 挖沟定植，定植后浇水（图 3-42），覆土。注意浇水，除草。4 月下旬当嫩茎叶长至 25cm 左右时采收（图 3-43）。

图 3-40　短梗五加大棚生产采收后

图 3-41　短梗五加大棚生产揭膜后

图 3-42　短梗五加温室生产定植后

图 3-43　温室内可采收的短梗五加嫩梢

② 管理 采收后注意浇水除草（图3-44）。6月可撤去棚膜（图3-45）。11月初进行平茬，浇一次透水，扣棚膜但不升温（将草苫放下），利用自然低温打破休眠。12月初开始每天卷放草苫升温。白天温度控制在20～25℃，夜晚不低于5℃。12月末当嫩苗高25～30cm时采收。为了提高温室利用率，提高经济效益，可在短梗五加行间套种大叶芹（图3-46）。

图3-44 短梗五加温室生产采收后浇水、除草

图3-45 短梗五加温室生产去膜前

4. 病虫害防治

短梗五加主要病害为霜霉病、黑斑病和煤污病。主要危害叶片，6～8月开始发病，叶片变黑或产生霉层、焦枯、畸形，引起早期落叶。温度高，湿度大，通风不良均会引起病害发生。针对上述病害，要采取农业防

图3-46 温室内短梗五加套种大叶芹

治，加强农田管理，注意通风、降温降湿和排水，秋季及时清理落叶、枯枝并集中烧毁。如果发病严重，对于霜霉病可在 7 月份喷洒 50% 多菌灵可湿性粉剂 1000 倍液，每 10d 喷 1 次，连续 3 次，效果较好。对于黑斑病可于 6 月初喷洒 5% 异菌脲（扑海因）油悬浮剂 1500 倍液或 3% 多抗霉素可湿性粉剂 1000 倍液，7 ～ 10d 喷一次，连续使用 3 ～ 5 次，两种药剂要交替使用；对于煤污病可于 7 月初喷洒 40% 克菌丹可湿性粉剂 400 倍液或 50% 代森锌可湿性粉剂 500 ～ 800 倍液或 50% 多霉灵可湿性粉剂 1500 倍液，10 ～ 15d 一次，连续使用 2 ～ 3 次。

短梗五加虫害主要是蚜虫和介壳虫，可用纯天然植物制剂（如水煮猕猴桃根、叶浸提液等）进行无公害防治，效果较明显。

在芽菜生产过程中，为了防止农药、化肥残留，不提倡使用农药、化肥。利用农业方法综合防病，利用纯天然植物制剂防虫，可避免农药残留；春季萌芽前按每亩一次性施入 3000kg 腐熟的农家肥施用，不必追肥，可避免化肥残留。

三、大叶芹

大叶芹又名短果茴芹，俗名山芹菜、野芹菜、明叶菜、蜘蛛香等，其食用部分为嫩茎叶，翠绿多汁，口味鲜美，营养丰富，是药食兼用的蔬菜，具有活血降压、清热解毒、利湿、止痛等功效。大叶芹也是我国千吨级以上大宗出口的野菜产品之一。近年来，由于人为掠夺式采集，野生资源破坏严重。近 10 年来，辽宁、吉林等山区人工林下、保护地种植大叶芹，已成为山区农民致富的特色产业。

1. 生物学特性

（1）形态特征 大叶芹为伞形科茴芹属多年生草本植物，高50～120cm。茎基部分枝。基生叶及茎下部叶矩圆状卵形，长5～6cm，三出全裂或二回三出全裂，表面无毛或两面沿脉上有粗毛；叶柄长5～16cm（图3-47）。双悬果卵形至球形，长2～3cm。花期7～8月，果熟期8～9月。

（2）生态习性与分布 大叶芹喜肥沃、疏松、富含腐殖质的壤土和沙壤土，pH值为5.0～7.0。中性偏碱的土壤可用田园土、腐殖土或沤制的绿肥改良后使用。大叶芹为耐旱植物，光照过大易得日灼病，植株枯萎，分蘖减少，直接影响产量；光照过小植株发育不好，长势弱，也影响产量。适宜大叶芹生长发育的光照强度为1500～2000lx，早春和晚秋光照强度可增加到2000～3000lx。因此，适时调节光照是大叶芹高产的重要环节。大叶芹对温度要求不高，一般10～15℃即可满足生长要求。

图3-47 大叶芹植株

大叶芹分布于俄罗斯、朝鲜以及我国的河北、贵州、吉林、辽宁等地，生长于海拔 500 ～ 900m 的地区，针阔叶混交林、杂木林下，沟谷湿地均有分布。

2.种苗繁育

刺嫩芽可采用埋根繁殖、播种繁殖及组织培养繁殖。

（1）埋根繁殖

① 采根　大叶芹主根茎在地表浅层，容易挖取。根茎挖出后，连同携带的泥土收集起来。不要把根部附着的泥土去净，以利于根芽的成活和持续发育。将丛状根掰成单根，进行人工分根栽植。

② 做畦　先做畦床，畦床宽 100cm、高 5cm。做畦床前要先施腐熟的猪圈粪，每公顷 75000kg，并翻入畦床下 20cm，灌足底水。

③ 埋根　在畦床面横向开 1 条深 8 ～ 12cm 小沟，将原根直立，埋到原根地表，似露非露，用脚踩实即可。株距以 10 ～ 12cm 为宜。无论暖室内外埋根都可参照这种做法。

由于埋根法需要足够的母株，母株数量一般难以满足生产需要。因而多采用播种繁殖。

（2）播种繁殖　播种繁殖，见各栽培模式。

（3）组织培养繁殖　选择健康、无病虫害的大叶芹小苗茎尖作为外植体，先流水冲洗 1h，再在无菌操作工作台上，用 75% 酒精浸泡 30s，无菌水冲洗 3 次，然后用 2% 次氯酸钠消毒 6min，无菌水冲洗 5 次，最后接种、增殖、生根及驯化（图 3-48）。大叶芹组织培养芽诱导培养基为 MS+6-BA 2mg/L+NAA 0.01mg/L+IBA（吲哚丁酸）1mg/L+KT（激动素）2mg/L，继代

图 3-48 大叶芹茎尖诱导的芽苗

增殖培养基为 MS+6-BA 2mg/L+IBA 0.1mg/L，瓶内生根培养基为 1/2 MS+NAA 0.5mg/L+IBA 0.3mg/L，上述培养基均附加 30g/L 蔗糖和 6.8g/L 琼脂，pH 5.8～6.0。大叶芹组培苗要置于室温 20～25℃、光照时间每天 10～12h、光强 1500～2000lx 的条件下进行培养。

3. 栽培管理关键技术

（1）林下栽培

① 种子采收与处理　8～9月，当大叶芹果实褐色时及时采收（图 3-49），采下的种子先在冷凉处摊开堆放（图 3-50），当手握有弹性时与 3 倍体积的细河沙混拌均匀，调节含水量 60% 左右（图 3-51），选择地势较高、透气性好、不积水的地，挖深 30～35cm、宽根据种子多少而定的坑，进行沙藏。将拌匀后的种沙放入坑内，覆土高出地面 10～15cm。每隔 15～20d 撤去覆土，将种子上下翻动 1 次。直至封冻前将其做成龟背形埋好（图 3-52）。

② 播种　大叶芹种子在 3 月末及时取出播种，林下栽培采用撒播，先整地耙平，然后撒种，覆土厚 1cm，林下栽培浇水困难，可不用浇水。由于大叶芹种子有深眠的特性，可以采用秋播方式，即种子采下后直接播种林下，第二年春季便可出苗。

图 3-49　大叶芹果实

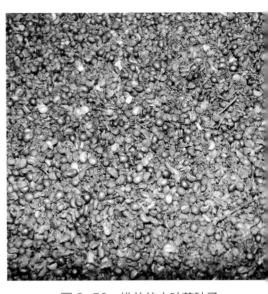

图 3-50　堆放的大叶芹种子

图 3-51　含水量 60% 的大叶芹种沙

图 3-52　大叶芹种子层积处理的沙坑

③ 管理与采收　林下栽培注意除草，经过一年的生长，当年不采收（图3-53），第二年4月下旬当苗高达30cm时采收（图3-54）。采收时用镰刀从基部割，留茬高度2cm。

图3-53　大叶芹一年生苗

图3-54　大叶芹采收

（2）温室栽培

① 播种　3月末，在温室内整地做畦，宽120cm，过道40cm，南北向畦，耙平畦面，浇底水，然后将处理好的种沙撒于畦面，覆土厚1cm，7d左右出齐苗（图3-55）。

② 苗期管理　苗期注意浇水、除草（图3-56），6月份，大棚膜外覆盖70%遮光度的遮阳网遮阴（图3-57）。8月上旬至9月下旬，喷2～3次0.3%～0.5%

图3-55　大叶芹温室生产播种后出苗

磷酸二氢钾,促进根系发育,增加根蘖。9月初将遮阳网撤掉,以利于光合作用,增加根蘖。进入10月份停止追肥并减少喷水,11月初浇一次透水,11月上旬地上部分自然枯萎。

③ 扣棚膜、升温 大叶芹地上部分枯萎后,芽处于深休眠的状态,这种生理性休眠需要一定时期的低温才能解除,因此要适时扣棚膜,适时升温。如果升温过早,生理休眠难以解除,升温后不发芽或发芽缓慢且不整齐;升温过晚,上市时间延迟,无法保证春节前上市。11月下旬,将大叶芹地上部的枯叶清理干净,集中烧毁,然后扣棚膜,并覆盖草苫,将草苫卷至棚底脚放风口上缘处不动,至升温前始终大开放风口,这样有利于低温解除大叶芹的休眠。12月上旬开始卷草苫升温,白天温度控制在25℃左右,夜间温度最好控制在12℃以上,升温初期喷一次透水,以后保持土壤湿润。为了保持空间湿度,提高鲜菜的品质,尽量减少放风,可利用卷放草苫来调节温室内温度、湿度和光照,并在

图 3-56　大叶芹温室生产苗期除草

图 3-57　大叶芹温室生产苗期加盖遮阳网

棚室内挂遮阳网（遮光度50%）遮阴，以保证鲜菜的脆嫩。升温后大叶芹芽便开始萌动，10d左右新叶展开，以后便开始抽茎生长。12月末株高可达15cm左右，进入1月份气温偏低，要特别注意夜间保温，白天气温不高于30℃，多蓄热，夜间温度尽可能控制在10℃以上，最好不要低于5℃。期间偶遇恶劣天气，即使夜间温度低至 -10 ～ -7℃，也不会被冻死，不必加温。

④ 采收　2月上旬鲜菜长至30cm左右时，用刀在距植株基部2～3处平割，注意不要拔苗采收，也不宜留茬过高（图3-58）。采收的鲜菜按每500g扎1捆，上市销售。

图3-58　大叶芹温室生产采收后留茬

⑤ 采后管理　收割后5～10d，新叶便可长出，以后仍按定植后的管理方法正常管理。4月下旬至5月初气温开始升高，要及时撤去草苫和棚膜，保存好以备冬季继续使用，由于大叶芹对光照要求不高，所以用聚乙烯长寿膜即可，并可以连续使用3年以上，草苫可使用2年。揭膜后仍按定植后的方法进行管理，

7～8月开始开花结实，9月果实陆续成熟，当绝大多数果实坚硬时，及时采收，以防脱落。采下的种子按前述方法及时处理，以备销售或用于扩大生产。9月初撤掉遮阳网，11月下旬扣棚膜、盖草苫进行下一年的反季节生产。

（3）塑料大、中棚栽培

① 整地做畦　搭建宽10m、长70m南北延长的塑料大棚骨架，深翻土地25cm左右，每亩施入腐熟优质农家肥3000kg左右，沿南北方向做6条长畦，畦宽1.3m、高15～20cm、长10～15m，畦间距30cm。大棚内沿南北方向架设2条微喷供水管带，距地面高度为40cm。

② 定植与田间管理　6月上中旬，当幼苗高6～8cm时定植，定植方法同温室栽培。定植后喷透水，在棚架上覆盖遮阳网（遮光度50%）遮阴，以后注意浇水、除草。追肥方法同温室栽培。9月初撤掉遮阳网，11月初浇一次透水，以利于越冬。大叶芹为多年生宿根植物，-35℃可安全越冬。生长期耐寒性较强，幼苗能耐-5～-4℃的低温，成株可耐-10～-7℃的低温，可在翌年春季2月上旬将地上部枯死茎叶清理干净后，用聚乙烯长寿膜扣膜（辽宁地区）。扣棚后，当地温升至7℃，气温3～6℃，大叶芹开始萌芽抽茎缓慢生长；当地温升至12℃，气温10℃以上时生长迅速。当中午棚内气温达到30℃时要及时放风降温，温度降至25℃以下时将放风口关闭，以利于保持棚内温度、湿度。3月中下旬鲜菜长至30cm左右时可采收上市。为了提高鲜菜的品质，可在大棚内挂遮阳网（遮光度50%）遮阴，以达到软化栽培的目的。为了调节上市时间，也可在3月初扣膜（辽南地区），4月上中旬上市。采后管理与日光温室栽培采后管理基本相同，采收后便可揭去棚膜。

4. 病虫害防治

大叶芹在正常栽培管理条件下很少发生病害，但在反季节栽培中，由于棚室湿度大，如果温度管理不当会有病害发生，大叶芹病害主要是叶斑病、灰霉病（图3-59）、霜霉病和晚疫病，可用50%代森锰锌可湿性粉剂800倍液喷雾防治。防治蝼蛄（图3-60）、地老虎（图3-61）、蛞蝓（图3-62）可采用毒饵诱杀。防治蛴螬（图3-63）、地蛆（图3-64），可采用50%辛硫磷乳油2000倍液灌根。

图 3-59　大叶芹灰霉病

图 3-60　蝼蛄

图 3-61　地老虎

图 3-62　蛞蝓

图 3-63　蛴螬 图 3-64　地蛆

四、老山芹

　　老山芹俗名老桑芹、土当归、山芹菜、黑瞎芹、野蜀葵等，为伞形科白芷属多年生草本植物。老山芹营养丰富，除含蛋白质、脂肪、糖等物质外，还富含维生素 C，是一般蔬菜的几十倍。翠绿多汁，清爽可口，是色、香、味俱佳的野菜。还能治疗风湿性关节炎、腰膝酸痛、头痛等症。老山芹的全株可入药，味甘辛，性凉，具有退热解毒、清洁血液、降低血糖、降压的功效；其所含丰富的膳食纤维，可以帮助胃肠蠕动，清理肠道垃圾；药食兼用，能够扶正固本、强壮身体，具有抗疲劳、抗辐射等功能；对高血脂、心脏血管及癌症化疗后的康复具有显著的食疗效果，被誉为野菜中的"绿色黄金"，市场前景广阔。

1. 生物学特性

（1）形态特征　老山芹茎直立，单一，顶端有较少分枝，茎中空，通常 3 ~ 5 片小叶，小叶片卵状长圆形，再羽裂或深缺刻状分裂成长圆形小裂片，小裂片渐尖，边缘有锯齿，表面疏生微毛，背面密生短绒毛。叶柄较长（图 3-65）；复伞房花序，花小，白色（图 3-66）；果实为双悬果，扁卵形。

图 3-65　老山芹植株

图 3-66　老山芹花序

（2）生态习性与分布　老山芹野生状态生于山坡林下、天然林中、林缘、河边湿地以及草甸等处。喜温和、冷凉、潮湿的环境条件，喜含腐殖质多的壤土与沙壤土。老山芹具有较强的耐寒能力，在 -4℃数小时不受冻害。成株的地下根茎可耐 -40℃而不会冻死，生长最适温度 18 ~ 25℃。老山芹耐阴，每天日照时间 3 ~ 4h 为宜。

老山芹主要分布于东北地区、西南地区、华北地区及华中地区。辽宁省的本溪、丹东、抚顺、铁岭，吉林的通化、集安、柳河、延吉、临江等地以及黑龙江省的宁安、五常、尚志、牡丹江等地的资源较多，野生存贮量较大。

2. 种苗繁育

主要采用播种育苗的方式。

图 3-67　老山芹绿色果实

图 3-68　老山芹褐色果实

（1）**种子采收及处理**　当老山芹果实由绿变褐时便可采收（图3-67、图3-68），采下的果实先阴干，放于冷凉通气处备用。11月初进行低温层积处理，先用温水浸泡24h（图3-69），然后与3倍体积的细河沙混拌均匀，调节含水量60%左右（图3-70）。埋于室外阴凉处，覆土10cm，土面做成龟背形。

（2）**播种**　4月中旬，深翻土地35cm，做宽120cm、过道宽40cm、长度不限的畦。耙平畦面，横畦开3cm深的浅沟，然后向沟内浇水，待水渗下后将种沙撒入沟内，覆土2cm厚（图3-71）。

图 3-69　温水浸泡老山芹种子

图 3-70　老山芹种子与河沙混拌处理

图 3-71　老山芹种子播种后

（3）苗期管理　插种后 10d 左右出齐苗，苗期注意浇水除草。待苗长到 3 叶期时便可移栽定植（图 3-72）。

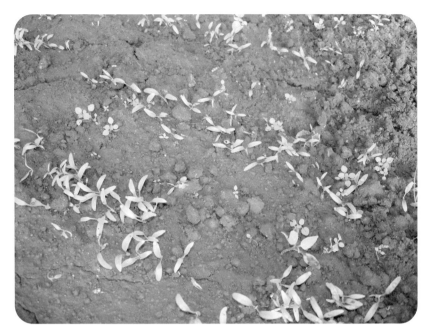

图 3-72　老山芹出苗后

3.栽培管理关键技术

（1）塑料大棚栽培

① 定植与管理　6 月初,当老山芹苗长至 3 片真叶时进行定植。先在大棚内做畦,方法同上,然后按 15cm 行株距定植,浇水。定植当年不采收,以后注意浇水除草（图 3-73）。11 月份地上部分开始枯萎,12 月初将地上部分枯枝叶耙出棚外,集中烧毁。

② 采收　第二年 3 月初扣棚膜升温,浇一次透水,控制温度白天 20 ～ 25℃,高于 25℃时要及时放风,夜间温度按自然温度。4 月上旬便可采收。老山芹采收可分多次,原则上从第二片叶开始采收,即基部一片老叶始终保留,第二片叶长至 25 ～ 30cm 时从基部采下,以后可采第三、第四片叶,直至 6 月中旬（图 3-74）。

图3-73 老山芹大棚生产定植后生长状态　图3-74 老山芹大棚生产采收期

（2）温室栽培

① 定植与管理　温室栽培老山芹方法与塑料大棚栽培管理方法基本相同，只是升温时间不同，温室生产当年12月上旬便可升温。

② 扣棚膜、升温　11月末，将地上部分枯萎枝叶清理后浇一次透水，然后扣棚膜但先不升温，因为老山芹有休眠的特性，要先利用自然低温打破休眠。可先将草苫放下，12月上旬再卷放草苫升温。

③ 管理与采收　白天温度控制在20～25℃，高于25℃时要及时放风，夜间温度不低于5℃。采收方法与塑料大棚栽培相同，可连续采至第二年的6月中旬（图3-75、图3-76）。

（3）露地栽培

① 整地做畦　每亩施入腐熟农家肥3000kg，深翻土地，做成宽120cm的低畦，过道宽40cm。

② 定植与管理　按15cm株行距定植，定植后浇一次透水。

图 3-75　温室内生长的老山芹

图 3-76　温室内可采收的老山芹

以后注意除草、干时浇水。

　　③ 采收　当苗高 30cm 时，留一片老叶，采新叶，以后连续采收（图 3-77）。

　　④ 留种　7 月初停止采收，以便开花结实（图 3-78）。

图 3-77　老山芹露地生产采收期

图 3-78　预留种的老山芹

4.病虫害防治

图 3-79　老山芹白粉病

白粉病是老山芹栽培中的主要病害（图 3-79），可采用农业防治。加强田间管理，合理密植，开沟排水，降低田间湿度；底肥多施磷钾肥，以提高植株的抗性；清除田间病残体。在发病初期也可用 15% 粉锈宁可湿性粉剂 1500 倍液每隔 7 ～ 10d 喷施一次，可视病情连续喷施 2 ～ 3 次。主要虫害为蚜虫，初期用 10% 吡虫啉可湿性粉剂 2500 倍液每隔 7 ～ 10d 喷施一次，可视情况连续喷施 2 ～ 3 次。

五、鸭儿芹

鸭儿芹别名三叶芹、山野芹菜、日本大叶芹、绿秆大叶芹、鸭脚板等，为伞形科鸭儿芹属多年生草本植物。鸭儿芹多采摘嫩苗及嫩茎叶食用，具有特殊的芳香味，翠绿，营养丰富。每 100 克嫩苗及嫩茎叶的鲜品中含蛋白质 1.1g、脂肪 2.6g、维生素 B_1 0.04mg、维生素 B_2 0.02mg、维生素 C 9mg、钙 44mg、磷 38mg、铁 0.8g。鸭儿芹全草入药，活血祛瘀，镇痛止痒，主治跌打损伤、皮肤瘙痒症；中医学还认为，鸭儿芹对身体虚弱、尿闭及肿毒等症有疗效。

1. 生物学特性

（1）形态特征　鸭儿芹株高 30 ～ 100cm，茎直立、细长、光滑，茎叉状分枝；基生叶及茎生叶三出，三角形，中间小叶菱状倒卵形，侧生小叶斜卵形；叶柄长，基部呈鞘状抱茎，茎上部叶无柄，小叶披针形（图 3-80）。果实为狭长的长椭圆形，双悬果，9 ～ 10 月陆续成熟，由绿色变成黄褐色（图 3-81）。种子黄褐色，长纺锤形，有纵沟，千粒质量 2.25 ～ 2.50g（图 3-82）。

（2）生态习性与分布　鸭儿芹生于浅山丘陵的山沟或林下阴湿处。喜于冷凉潮湿的半阴地生长，高温干燥的环境下生长不良，易老化。种子为喜光性发芽类型，发芽适温 20℃左右，植株生长最适温度 15 ～ 22℃，耐寒力强，喜在中性、保水力强、有机质丰富的土壤中生长。

图 3-80　鸭儿芹植株

| 图 3-81　鸭儿芹黄褐色果实 | 图 3-82　鸭儿芹成熟的种子 |

　　主要分布于中国、日本、朝鲜和北美洲东部，在我国广布于华北、华东、中南至西南，辽宁南部、河北东北部也有分布。

2. 种苗繁育

　　鸭儿芹可以播种繁殖，也可以通过组织培养繁殖。

（1）播种繁殖

　　① 整地做畦　鸭儿芹喜肥沃、疏松、pH 为 5～7 的壤土或沙壤土。播种前先深翻地 25cm 左右，每亩施入腐熟优质农家肥 3000kg 左右，整地耙平后做成宽 1.2m、深 15cm 左右、长 10～20m 的低畦，畦埂宽 30cm。

　　② 播种　野生鸭儿芹种子于 9～10 月采收，种子提纯后于冷凉通气、干燥处可贮藏 2～3 年。其种子几乎无休眠期，采后即可播种。春季露地栽培应在地温稳定在 5℃以上时播种，辽南地区于 3 月下旬～4 月上旬播种，需覆盖黑色地膜保温、保湿；日光温室栽培不受季节限制，一般在 10 月中下旬扣膜播种。畦面耙平后浇足底水，每平方米用种量 10g，将种子与细沙或细土混拌均匀

图 3-83　鸭儿芹种子萌发后

后撒播，播后覆 0.3 ～ 0.5cm 厚的细土。

③ 苗期管理　播种后 10d 左右出苗（图 3-83），露地播种的应选择晴天傍晚撤掉地膜，以后每隔 5d 左右根据天气情况适当浇水；日光温室播种的需控制好室内温度，白天保持 20 ～ 25℃，夜间不低于 5℃。子叶出土至第 1 片真叶展开需 15d 左右，此时按 2cm 株距间苗，间苗后浇水，以后适当控水炼苗。从第 1 片真叶展开至第 3 真叶展开需 30 ～ 35d，此时苗高 8 ～ 10cm，即可进行定植。

（2）组织培养繁殖　3 月初，选取健康无病虫害的鸭儿芹植株的叶片、茎作为外植体分别用自来水冲洗一遍后，用洗洁精浸泡 30min，之后再用自来水冲洗干净。在无菌条件下，将外植体先用 75% 乙醇消毒 30 ～ 60s，用无菌水冲洗 3 ～ 4 次，再用 0.1% 升汞或 2% NaClO 消毒 6min，无菌水冲洗 4 ～ 5 次，最后在无菌条件下将叶片切成 0.5cm×0.5cm 的小块，茎切成 1cm 的茎段接种、诱导、增殖、生根及移栽驯化。鸭儿芹茎、叶均可作为外植体。诱导愈伤组织的培养基为 MS+6-BA 2.0mg/L+NAA 1.0mg/L+3% 蔗糖 +7% 琼脂粉，丛生苗增殖的培养基为 MS+6-BA 1.0mg/L+NAA 0.1mg/L+3% 蔗糖 +7% 琼脂粉，瓶内生根培养基为 1/2MS+IAA（吲哚乙酸）1.0mg/L+1.5% 蔗糖 +7% 琼脂粉，试管苗移栽选用珍珠岩：蛭石：腐殖土 =1 : 1 : 1 的基质移栽的成活率较腐殖土基质效果更好。

3. 栽培管理关键技术

（1）露地生产

① 整地做畦　同鸭儿芹 2.（1）中"①整地做畦"。

② 播种　播种时，在畦上间隔 20cm 开深 2～3cm 沟，先在沟内浇足底水，待水自然渗下后，将种沙撒入沟内，以每厘米见 2～3 粒种子为度，播后上盖 1cm 厚细土。

③ 苗期管理　播种后 10d 左右出齐苗，注意浇水、除草。

④ 采收　当株高达到 25cm 以上时便可采收（图 3-84），采收时用镰刀从基部割下，每 500g 扎一捆上市销售。

（2）温室生产

① 整地做畦　日光温室栽培鸭儿芹可随时播种，没有时间上的限制，一般来说 10 月份为最佳时期，第一茬成熟期正好是春

图 3-84　鸭儿芹露地生产采收期

节前。深翻土地，拌入有机肥（干鸡粪），整地做成宽 120cm 的畦，过道 30cm。

② 播种　横畦开 3cm 深的浅沟，浇底水，水渗下后将种沙撒入沟内，覆土。

③ 苗期管理　播种后 10d 左右出齐苗，这时注意浇水、除草。

④ 三叶期管理　三叶期时（图 3-85），要加强管理，特别是除草、松土。控制好温室的温度，白天温度控制在 20 ~ 25℃，高于 25℃时要及时放风，夜间温度不低于 5℃（图 3-86）。为了提高菜的品质，可内挂遮阳网遮阴（图 3-87）。

⑤ 采收　当鸭儿芹长至 30cm 左右时便可采收第一茬，采收时用镰刀从基部割下，每 500g 扎一捆销售（图 3-88）。

⑥ 采后管理　采收后清理畦面，去除残叶（图 3-89），每 1m² 撒入干鸡粪 1kg，然后浇水。40d 后便可采收第二茬。以后每

图 3-85　鸭儿芹温室生产三叶期

采收一次施一次肥，一年可采收 8 次。播种后的第二年 9 月份停止采收，可采收种子，作为下一季节生产用。

图 3-86　鸭儿芹温室生产苗期管理

图 3-87　鸭儿芹温室生产苗期加盖遮阳网

图 3-88　鸭儿芹温室生产收割后

图 3-89　鸭儿芹温室生产采收后捆扎

（3）大棚生产

① 整地做畦 与温室生产基本相同。

② 播种 播种方法同温室生产，只是播种期不同，大棚播种期一般在 3 月初扣棚膜后进行。

③ 管理与采收 苗期注意浇水、除草，采收前一个月大棚膜外覆盖 70% 遮光度的遮阳网遮阴，以利于鲜菜品质脆嫩。大棚栽培 40d 收割一次，收割后施肥、浇水，9 月停止采收，去除遮阳网。11 月末地上部分枯萎，清除集中烧毁，并浇一次透水以利于越冬。第二年 3 月扣棚膜升温，4 月上旬可采收第一茬，直至 9 月停止采收并采收种子，第二年 3 月重新播种（图 3-90）。鸭儿芹也可在林下生产，管理技术同大棚生产。

图 3-90 鸭儿芹大棚生产采收后

图 3-91　蚜虫为害

4.病虫害防治

野生鸭儿芹栽培期间极少发生病害。夏季生产有时会发生斑枯病，可用65%代森锰锌可湿性粉剂600～800倍液叶面喷雾；主要虫害为蚜虫（图3-91），可用20%灭蚜硫磷（灭蚜松）可湿性粉剂2000倍液叶面喷雾。

六、柳蒿

柳蒿又名蒌蒿，俗名柳叶蒿、水蒿、藜蒿、水艾，为菊科蒿属多年生草本植物。其味道略带苦味，似柳叶，故名柳蒿。食用部分为嫩茎叶，因含有侧柏莲酮芳香油而具有独特风味，可作蔬菜、中药、配酒原料及香料等，我国自20世纪80年代以来人工栽培。北方保护地栽培产量高、生活力强、易管理，且营养丰富，有"山野菜之冠""救命菜""可食第一香草"之美誉，是深受消费者欢迎的野菜品种，大量出口到日本等国，开发前景十分广阔。

1.生物学特性

（1）形态特征　柳蒿一般株高30～70cm，茎为根状茎，地下根茎横走，地上茎直立，单生或上部分枝，较光滑。叶互生，叶背灰白，叶表光亮有蜡且芳香味浓（图3-92）。头状花序，椭圆形

图 3-92 柳蒿植株

或长圆形（图 3-93）；瘦果倒卵形或长圆形，长约 1.5mm，黄褐色（图 3-94）。花期 7～8 月，果期 8～10 月，千粒重约 0.3g。

（2）生态习性与分布 柳蒿生活力强，适应性广，耐瘠薄、耐涝、耐盐碱，各地均适宜种植。柳蒿属长日照植物，喜强光照，全年日照时间须高于 1900h，柳蒿喜湿润，耐干旱。柳蒿喜冷凉气候，适宜在全年日均气温 12～16℃ 的地方生长。根状茎萌发适宜的日均气温为 4～20℃，嫩茎生长最适温度为日均 12～18℃，20℃ 以上

图 3-93 柳蒿开花状

图 3-94 柳蒿瘦果

茎秆加速木质化；其地上部分喜温，但能耐 −5℃以下的长期低温，遇霜后地上部分枯死，地下部分的根状茎耐寒性较强，在北方 −40℃的条件下露地仍可安全越冬；在生长发育过程中，只要温度适宜可周年生长，无明显休眠期。

柳蒿分布于黑龙江、吉林、辽宁、内蒙古（东部）及河北等地区；多生于低海拔或中海拔湿润或半湿润地区的林缘、路旁、河边、草地、森林草原、灌丛及沼泽地的边缘。蒙古、朝鲜、俄罗斯西伯利亚及远东地区也有分布。

2. 种苗繁育

柳蒿可采用扦插繁殖、分株繁殖、播种繁殖、地下茎繁殖和组织培养繁殖等育苗方法。

（1）扦插繁殖 在 5～6 月，做 15～20cm 深的沙床，浇透水备用，从地上茎剪取插条，抹去中下部叶子，剪成 10～15cm 长的插条，每条至少有 1～2 个饱满芽、2～3 片叶，每小叶剪去一半（图 3-95），下端剪成斜面，按行株距 10cm×5cm 插入沙床中，深度为插条的 2/3，插后浇水（图 3-96），遮阳网遮阴（图 3-97），保持湿润。雨水过多要及时排除。扦插后 30d 左右生根。

（2）分株繁殖 离地面 5～6cm 处剪去地上茎（可留作插条用），将植株连根挖出，分割成若干单株。每个分株都带有若干

图 3-95　柳蒿插条

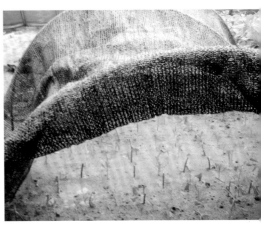

图 3-96　柳蒿茎段扦插后　　　　　　　图 3-97　柳蒿扦插后盖遮阳网

根系，栽培后较扦插容易成活。以 4 ～ 5 月分株繁殖为宜。

（3）播种繁殖　深翻土地 25cm，做成宽 120cm 的低畦。2 月中、下旬，气温 15℃以上时，先将种子与细沙混拌均匀，然后向畦面洒水，待水渗下后将种沙撒入畦面，覆土 0.5cm。10d 左右出齐苗（图 3-98）。注意浇水、除草。当苗高 10cm 时移栽定植。

图 3-98　柳蒿种子出苗

（4）**地下茎繁殖** 将柳蒿地下茎部分挖出后，需要去掉老茎、老根，修剪成每段有 2 ～ 3 节的小段，在提前修好的畦床上每隔 10cm 左右依次开出浅沟，将已经修剪处理准备好的茎段顺平摆放到挖好的浅沟之内，覆盖上一层薄土，浇足水即可。柳蒿地下茎一年四季均可繁殖生产。

（5）**组织培养繁殖** 选取 10 ～ 15cm 长的嫩芽，先用清水冲洗，再在无菌条件下剪成 1.0 ～ 2.0cm 长、带 1 ～ 2 个芽的段，然后在 70% 酒精中速蘸，最后用无菌水冲洗 3 次。将处理好的材料接种到改良 MS 培养基［只大量元素改量：NH_4NO_3 400mg/L；$NH_4H_2PO_4$ 115mg/L；KNO_3 606mg/L；$CaCl_2 \cdot 2H_2O$ 74mg/L；$Ca(NO_3)_2 \cdot 4H_2O$ 236mg/L；$MgSO_4 \cdot 7H_2O$ 246mg/L］+6-BA 0.5mg/L +NAA 0.1mg/L 中进行诱导培养，40d 后将诱导出的材料再次转到上述培养基中进行增殖培养，40d 为一个周期，可反复增殖。4 株苗经过上述 7 个月的培养，可繁殖 4 万株苗。将增殖培养的苗转入不加激素的改良 MS 中，7 ～ 10d 即可生根，当根长 2.0 ～ 3.0cm，可移至温室中，成活率在 95% 以上。

3. 反季节栽培技术

（1）日光温室反季节栽培

① 温室准备 11 月中下旬温室要及时扣上棚膜，然后进行整地、做床，翻地前每亩施腐熟的农家肥 3000kg，翻地深度 15 ～ 20cm 为宜，然后做床，床宽 1.2 ～ 1.5m，长度视温室的宽度而定。做床要细致，床面要平，没有明显的硬块。做床后进行灌水，使床面 5cm 的土层水分达到饱和状态，然后待用。

② 定植 床面稍干后，按行距 50cm，沟深 20cm，丛距 20cm 定植株丛，少量覆土隐苗，并按实；在栽植沟内浇水，水

渗后起垄回土覆盖,其厚度为5cm左右(图3-99);覆土后盖上地膜,以保温保湿。

图3-99 柳蒿株丛定植后

③ 田间管理 定植后进入日光温室的非生产期,可将温室全部封闭。覆盖之前,将柳蒿的地上茎秆平地铲除,同时清除田间的枯枝残叶,浅松土,避免损伤地下根状茎,亩施腐熟人粪尿3000～4000kg或有机复合肥50kg,浇透水,5～7d盖棚。同时表面覆盖地膜,四周压紧。

④ 采收 升温后25d左右,当植株长到20～30cm时即可采收(图3-100)。采收时,用锋利的小刀平地面割下,切忌损伤地下根状茎,影响第2茬的产量。采收第1茬后,立即追肥浇水,继续覆盖,35d左右第2茬又可上市。上市期为翌年1月下旬至3月上旬。一般每亩采收柳蒿1000kg。

图 3-100　柳蒿温室生产采收期

（2）塑料大棚反季节栽培

① 整地施基肥　定植前 3 ～ 5d 进行整地，先全面耕翻，深度约 20cm，然后下基肥，每亩施腐熟农家肥 4000 ～ 5000kg 或腐熟饼肥 50 ～ 75kg，将土与肥耙匀耙平后做畦，畦宽 1.2 ～ 1.4m，沟宽 30cm，深 15 ～ 20cm。

② 适时定植　柳蒿用茎条扦插定植，每亩用量约 150kg。柳蒿适宜定植时间为 5 ～ 8 月，定植繁殖同扦插繁殖。

③ 生长期管理　柳蒿大棚栽培早熟高产的关键，是在柳蒿的生长期充分满足肥水供应，促使柳蒿旺盛生长。同时要求在 7 月下旬至 8 月中旬对柳蒿进行打顶摘心，控制生殖生长，促使柳蒿地上部分的大量养分向根状茎集中积累，为棚栽柳蒿高产打下良好的基础。8 月和 9 月结合浇水施 2 次肥，每亩次施尿素 10kg，防止后期早衰，加快根状茎的生长和养分的积累。同时，还应及时中耕除草。

④ 搭棚覆盖　大棚内的柳蒿从萌发到采收上市约需 40d，因此，可根据上市期安排，提前 40d 进行盖膜。一般在初霜后，及

时割除柳蒿地上部分，并清除田间杂草枯叶。在大棚盖膜之前，结合中耕松土，每亩施腐熟人粪尿3000～4000kg或有机复合肥50kg，浇透水，5～7d盖棚，并浇一次透水。大棚四周压紧。大棚盖膜后的田间管理以温度管理为主：晴天白天棚内气温控制在17～23℃，超过25℃，应在背风处适当通风；阴雨天，棚内温度控制在12～16℃；夜间气温低于10℃时要在柳蒿上用地膜覆盖，气温低于0℃时大棚上要加盖草帘保温。

⑤ 采用激素处理　柳蒿在大棚栽培条件下，对植株喷洒赤霉素，可以促进地上部分生长，能使茎秆粗而嫩，对促进早熟高产具有显著效果。激素处理方法是：按每克赤霉素兑水12kg的比例配成约80mg/kg水溶液，每亩需用3～4g赤霉素；在柳蒿上市前一星期苗高5～10cm时，用配好的赤霉素水溶液均匀喷洒植株叶面即可。

⑥ 适时采收　当柳蒿株高15～20cm时（图3-101），用利刀将柳蒿在基部平地面处割下，摘除叶片后即可上市。如需外销，

图 3-101　柳蒿大棚生产采收期

则需将嫩茎在干净的清水里浸泡一下，可以防止运输过程中发热、失水而发生木质化，保持嫩茎清香和鲜嫩。第一茬采收后，立即追肥浇水，以后管理同第一茬，这样再经40d左右，第二茬即可采收上市。一般大棚柳蒿采收两次。

七、蒲公英

蒲公英，别名婆婆丁、黄花地丁、黄花苗、奶汁草、尿床草等，为菊科蒲公英属多年生草本植物。蒲公英被称为"佳蔬良药"，其营养价值极高。其叶和根均可食用，具有美容、抗菌、抗病毒、利胆保肝、补肝健胃、止呕消胀、清热解毒、明目、利尿和通乳等作用，临床可防治四十余种感染性疾病，且有抗肺癌的作用。一般以野外采集销售为主，春季萌生的嫩芽市场价格每千克在二十元以上。为满足蒲公英周年供应的需求，可利用保护地设施进行人工栽培。

1. 生物学特性

（1）形态特征 蒲公英株高10～25cm，叶成倒卵状披针形、倒披针形或长圆状披针形，先端尖，基部渐狭成柄，全缘或深浅不同的羽状分裂，叶色深绿色，靠近根部叶柄发红（图3-102）；头状花序

图3-102 蒲公英植株

图 3-103　蒲公英花　　　　　　　　图 3-104　蒲公英种子

单一顶生（图 3-103）；瘦果倒披针形，种子黄褐色或黑褐色，细小，瘦果，籽粒重在 0.8 ～ 1.2g（图 3-104）。

（2）生态习性及分布　蒲公英耐寒，生长适温为 20 ～ 25℃，可耐 -30℃低温，温度高于 30℃对生长发育有抑制作用。喜光，耐旱，对土壤条件要求不严格，但在肥沃、湿润、疏松、有机质含量高的土壤上生长较好。

蒲公英原产欧洲和北亚，在我国各地均有野生分布，我国的东北、华北、华东、华中、西北、西南各地均有零星栽培。常生于道旁、荒地、庭园等处，是一种生长适应性较强的野菜。

2. 种苗繁育

蒲公英可以播种繁殖、分株繁殖和组织培养繁殖。

（1）播种繁殖　采种时可将蒲公英花盘摘下，放在室内存放后熟 1d，待花盘全部散开，再阴干 1 ～ 2d 至种子半干，此时用手搓掉种子尖端的绒毛，然后晒干种子，置于 45℃的温水中浸泡5h，待种子表皮逐渐变软后捞起来，放在阴凉的环境中，用 0.1%

的高锰酸钾消毒液喷洒一次，晾干播种在沙土中，浇水保湿，一个月后发芽。

（2）**分株繁殖**　蒲公英进行分株繁殖时，先将栽培基质浇透水，再将其周围附带的小根茎剪切下来，然后用0.1%高锰酸钾溶液消毒、晾干，栽入基质中，最后再浇透水，覆盖一层地膜，置于半阴环境中，大约一个月出苗。

（3）**组织培养繁殖**　将蒲公英栽于盆中，待重新长出5～6片新叶时，采集生长良好的蒲公英叶片、叶柄，先用75%酒精消毒30s，无菌水冲洗2次，再用0.1%的$HgCl_2$消毒6min，无菌水冲洗5次，然后剪切、接种、培养、增殖、生根，并移栽驯化。蒲公英叶片、叶柄丛芽直接诱导培养基为MS+6-BA 0.5mg/L+NAA 0.1mg/L+蔗糖3%+琼脂粉0.7%，丛芽继代增殖培养基为MS+6-BA 0.5mg/L+NAA 0.01mg/L+蔗糖3%+琼脂粉0.7%，芽苗瓶内生根培养基为1/2 MS +NAA 0.1mg/L+蔗糖15g/L+琼脂粉0.7%，移栽驯化基质为草炭∶蛭石=3∶1混合机基质。

3. 栽培管理关键技术

（1）**露地栽培**　辽南地区4月下旬播种。

① 整地做畦　每亩施入腐熟农家肥3000kg，深翻土地25cm左右，做长10m、宽120cm、深15～20cm低畦。

② 播种　播种时，在畦上间隔20cm开深2～3cm沟，先在沟内浇足底水，待水自然渗下后，将种沙撒入沟内，播种量3～4g/m²，播后上盖1cm厚细土。

③ 苗期管理　播种后10d左右出齐苗（图3-105），每隔5d左右视天气和土壤情况浇一次透水，结合中耕除草，当苗长至

图 3-105　蒲公英露地生产出苗后

图 3-106　蒲公英露地生产采收期

图 3-107　蒲公英温室生产出苗后

3～4 片叶时间苗，每 10cm 间距留 1 株壮苗，间苗后浇一次透水。

④ 采收　当叶长达到 15cm 以上时便可采收。采收时用手从叶的基部掐下，留老叶，采嫩叶，每隔一周左右采一次（图 3-106）。蒲公英为多年生植物，播种后 70d 左右便可采收第一茬，从夏季采到秋季，冬季越冬后第二年 4 月下旬可采收。

（2）温室栽培　温室栽培不受季节限制，可根据需要随时播种，以 10 月份播种最佳。

① 整地做畦　每畦先撒入干鸡粪 20kg，深翻土地 25cm 左右，做长 10m、宽 120cm、深 15～20cm 低畦。

② 播种　横畦开 3cm 深的浅沟，沟间距 20cm，浇入底水，待水渗下后将种沙撒入沟内。

③ 日常管理　出苗后，每隔 5d 左右视天气和土壤情况浇一次透水，结合中耕除草，当苗长至 3～4 片叶时间苗，每 10cm 间距留 1 株壮苗，间苗后浇一次透水（图 3-107）。

④ 采收　方法同露地栽培。一次播种可采收多年（图 3-108）。

（3）**塑料大棚栽培**　同温室栽培，不同的是扣棚膜、升温在 3 月初进行（图 3-109）。

图 3-108　蒲公英温室生产采收期　　　　图 3-109　蒲公英塑料大棚生产采收期

4. 病虫害防治

蒲公英抗病抗虫能力很强，较少发生病害。常见病虫害主要有霜霉病和蚜虫等。防治霜霉病可用 72% 霜脲·锰锌可湿性粉剂 800 倍液或用 25% 百菌清可湿性粉剂 500 倍液喷雾。防治蚜虫常用药剂有 50% 抗蚜威（辟蚜雾）可湿性粉剂 2000 ～ 3000 倍液，也可用 10% 烟碱乳油杀虫剂 500 ～ 1000 倍液。

蒲公英还常发生根腐病，主要危害根茎部和根部。发病初期病部呈褐色至黑褐色，逐渐腐烂，后期地上部叶片发黄或枝条萎缩死亡。发现病株及时挖除，并在病穴施入石灰消毒。发病初期喷淋或浇灌 50% 甲基硫菌灵可湿性粉剂 600 倍液、45% 代森铵水剂 500 倍液、20% 甲基立枯磷乳油 1000 倍液，每间隔 7d 喷一次，喷洒 2 ～ 3 次。

八、苣荬菜

苣荬菜别名苦荬菜、曲麻菜、败酱草、苦菜等，为菊科苦苣菜属多年生草本植物，是我国药、食两用历史悠久的一种野菜。苣荬菜具有清热解毒、凉血治痢、消肿排脓、祛瘀止痛、补虚止咳的功效，对预防和治疗贫血、促进生长发育和消暑有较好的作用。食用苣荬菜有助于促进人体内抗体的合成，增强机体免疫力，提升大脑功能。急性细菌性痢疾、尿血、急性黄疸型肝炎患者可多食。

1. 生物学特性

（1）形态特征 苣荬菜全株有乳汁，高 30～100cm，基生叶矩圆形或披针形，不分裂或羽状深裂，先端锐尖，有小刺。茎生叶互生，茎上部叶抱茎（图3-110）。头状花序数个，伞房花序，总苞及花柄有绵毛，花鲜黄色（图3-111）。瘦果偏扁，长圆形（图3-112）。花

图 3-110　苣荬菜植株

图 3-111　苣荬菜花

图 3-112　苣荬菜种子

期 7～8 月，果熟期 8～10 月，种子千粒重 1.6g 左右。

（2）生态习性及分布
苣荬菜适应性较强，喜冷凉，抗寒耐热。植株营养生长的最适温度 15～20℃。喜湿、怕涝、耐贫瘠，对土壤要求不严格，但在土质疏松、保水保肥力强的壤土条件下栽培，能获得高产。

原产欧洲或中亚细亚，在世界上分布很广，我国各地均有野生分布，生于田间、荒地、路旁、河滩、湿草甸及山坡。市场销售一直以野外采集为主，随着近年市场需求的增加，已有一些地区进行人工栽培。

2. 种苗繁育

苣荬菜可采用播种繁殖和根状茎繁殖。

（1）播种繁殖　苣荬菜的种子呈白色或黄褐色，顶端带有伞状白色冠毛，室内自然条件下贮存寿命可达 4～5 年，千粒重 0.6～0.8g，每亩播种量 300～400g。9 月中旬到 10 月初，苣荬菜种子成熟，这时要抓紧采收。苣荬菜瘦果颜色开始变黑就是种子成熟期。瘦果中的种子微小，果实开裂种子难以收集。种子晒干后，温室内一年四季都可播种。温室播种适期为 11 月中旬。将畦面整平，浇透底水，等水渗下后播种。播种前一周，将种子晒干，播种时，捏起少量种子撒在手上，用嘴轻轻一吹，使其自然飘落，均匀着于地面，播种完毕后，第一遍浇水采用喷淋，使水珠呈下雨状均匀下落，往返洒浇 2～3 次，水量不要太多，避免种子在地表不固定而飘移，随后覆盖表土 0.5cm。种子出苗前，切忌大水喷灌，温室内温度要保持在 12～30℃并适时加盖纸被和草苦防寒，从播种至出苗需 15～20d。

（2）根状茎繁殖　此法操作容易，繁殖快，产量高且利于提早上市。一般在入冬后或早春（此时地上茎叶中的养分已全部回缩至地下茎中）选大片生长茂盛的野生的苣荬菜，挖取白色根状茎，剪成 8～10cm 段，按行株距 10～15cm，开 5～8cm 深小沟，将根茎顺沟平放，间隔 3cm，盖土轻镇压后浇水即可。一般每亩用根状茎 40～50kg。

3. 栽培管理关键技术

（1）露地生产

① 整地做畦　4 月下旬，选择疏松、肥沃的壤土，每亩施充分腐熟的有机肥 2500～3000kg、过磷酸钙 30kg，深翻耙平，做成宽 1.2m 的平畦，畦上开沟，沟距 10cm。

② 播种　先在沟内浇底水，水渗下后撒入种子，然后覆土。

③ 管理与采收　播种后 10d 左右出齐苗，注意浇水除草，待苗高达到 3 叶期时便可间苗采收。采收时先采收大苗，以后陆续采收完毕（图 3-113）。

④ 留种　露地采收时有目的地留大苗壮苗，以便开花结实，待秋季采种（图 3-114）。

（2）温室生产

① 整地做畦与播种　温室栽培时间不限，以 10 月下旬采种后播种为佳。先深翻土地，做成宽 1.2m 的平畦，畦上开沟，沟距 10cm。浇底水，播种。方法同上（图 3-115）。

图 3-113　苣荬菜露地生产采收期

图 3-114　苣荬菜露地生产留种的壮苗

图 3-115　苣荬菜温室生产做畦开沟

图 3-116　苣荬菜温室生产出苗后

② 管理与采收　播种后 10d 左右出苗（图 3-116），注意浇水除草，待苗达到 4 叶 1 心时便可间苗采收，采收方法同前（图 3-117）。

③ 温室留种　采收后留一畦大苗，苗间距 15cm，待次年 4 月份开花结实，采收种子（图 3-118）。

（3）大棚生产　苣荬菜大棚生产与温室生产基本相同，不同的是 3 月初扣棚膜升温，然后整地做畦，播种管理方法同上所述。5 月中旬可陆续采收。大棚种植可一次播种多年采收。11 月末清除地上枯萎部分，次年 3 月初扣棚膜升温，4 月上旬便可采收，由于根

图 3-117　苣荬菜温室生产采收期　　　　图 3-118　苣荬菜温室生产留种的大苗

系发达，每年可从春采到秋。

4. 病虫害防治

苣荬菜常见的病虫害主要有白粉病、斑潜蝇和蚜虫（图 3-119）。可用 10% 烟碱乳油杀虫剂 500 ～ 1000 倍液喷雾防治斑潜蝇。

白粉病为真菌性病害，在北方，病菌在植株残体或土壤中越冬。生产上要及时清理残株，可以在发病初期喷洒 50% 苯菌灵可湿性粉剂 1500 倍液或 36% 甲基硫菌灵悬浮剂 500 倍液防治。

图 3-119　苣荬菜斑潜蝇危害状

九、东风菜

东风菜别名山蛤芦、大耳毛、冬风草、猫滑尖、仙白草、山白菜等，为菊科紫菀属多年生宿根草本植物。东风菜富含蛋白质和粗纤维，胡萝卜素和维生素含量较高，有助于增强人体免疫功能。东风菜味辛、甘，性寒，具有清热解毒、祛风止痛的作用，可用于治疗毒蛇咬伤、风湿性关节炎、跌打损伤、感冒头疼等。

1. 生物学特性

（1）形态特征　根状茎粗短，茎直立，高 100 ～ 150cm，圆形，有纵棱，被糙毛；叶互生，基生叶片心形或广卵形，边缘具锯齿，两面有毛，顶端尖（图 3-120）；头状花序排成伞房状圆锥状花序，总苞片钟形，3 层，无毛，边缘宽膜质，顶端尖或钝，舌状花白色，筒状花黄色（图 3-121）。瘦果长椭圆形（图 3-122），冠毛与管状花等长，黄色。

图 3-120　东风菜植株

图 3-121　东风菜的花　　　　　　图 3-122　东风菜的瘦果

（2）生态习性与分布　东风菜喜湿、耐寒，常生于落叶阔叶林下。喜微酸性土壤，喜肥，在疏松肥沃的土壤上生长良好。自然生长于林下、林缘、山坡灌木丛中。

在我国北部、东部及南部各地均有野生分布，人工栽培主要分布于我国东北、河北、内蒙古、山东等地。在朝鲜、蒙古等国亦有分布。

2. 种苗繁育

东风菜可采用播种繁殖和组织培养繁殖。

（1）播种繁殖　不同生产模式稍有不同，参见本节露地生产内容。

（2）组织培养繁殖　剪取生长旺盛的东风菜植株地上基生叶带回实验室，剪去多余叶片，留下叶柄，流水冲洗 0.5h 以上。在超净工作台上，先用 75% 酒精消毒 30s，无菌水冲洗 2 次，再用 1.5% 次氯酸钠消毒 5min，无菌水冲洗 5 次，最后接种、诱导、增殖、移栽驯化。东风菜叶柄愈伤组织诱导培养基为 MS+2,4-D

2.5mg/L+蔗糖 3%+琼脂粉 0.7%，芽分化培养基为 MS+GA₃ 0.5mg/L
+AgNO₃1.5mg/L+NAA 0.1mg/L+蔗糖 3%+琼脂粉 0.7%，瓶内生根
培养基为 MS+NAA 0.2mg/L+蔗糖 3%+琼脂粉 0.7%。生根的试
管苗移至温室中，去掉瓶塞，在光照下炼苗 2d 后，用镊子将苗
取出，洗去根部附着的培养基，浸蘸 20mg/L 的 IAA 3min 后，移
栽到上半层为干净河沙、下层为园土的温室营养钵中，30d 后即可
成活。

3. 栽培管理关键技术

（1）**露地生产**　露地播种在 4 月下旬进行。

① **整地施肥**　应选在低洼地、水田边地、水源充足、土质肥
沃的壤土栽培。东风菜可一次播种多次采收，播种时间从 3～11
月均可，夏季高温时可搭棚防雨降温，8 月下旬～9 月播种效
果最好，播种前浇透底水，每亩施优质腐熟粪肥 2000kg 或优质
腐熟厩肥 3000kg，碳铵 20kg，普钙 15kg，氯化钾 5kg。要深翻
15～20cm，精耕细耙，平地做畦，畦宽 1.2m 左右，土壤湿度以
手捏土不散为宜。

② **播种与苗期管理**　横畦开 3cm 深的浅沟，浇底水，播种。
12d 左右出齐苗（图 3-123），注意浇水除草。

③ **生长期管理**　播种当年不采收，生长期注意中耕除草、浇
水等。待 11 月末地上部分枯萎后清理掉畦面上的残叶，集中烧毁。
次年 4 月下旬开始采收。采后进入生长期管理阶段（图 3-124）。
以后每年 4 月下旬采收一次。每亩产量 1000kg 左右。从第二年
开始每年夏季开花结实（图 3-125），10 月份采收种子，用于扩
大生产。

（2）**温室生产**　温室播种在 5 月初进行。

图 3-123　东风菜露地生产出苗后

图 3-124　东风菜露地生长期

图 3-125　东风菜露地开花状

① 整地做畦　深翻土地 25cm，每亩施入腐熟农家肥 3000kg，做成宽 120cm 的低畦，过道宽 40cm。

② 播种与出苗　横畦开 3cm 深的浅沟，浇入底水，待水渗下后将种子撒入沟内，覆土 1cm。10d 左右出齐苗，以后注意浇水、除草。

③ 幼苗期管理　幼苗期注意中耕除草、浇水等（图 3-126）。

④ 生长期管理　进入夏季生长速度快，此时注意浇水及防病。当年不采收（图 3-127）。

图 3-126　东风菜温室生产幼苗期　　　图 3-127　东风菜温室生产快速生长期

⑤ 采收　12 月初，将枯萎的地上部分清理出棚，集中烧毁。浇一次透水，随即进行升温管理，控制白天温度 25℃，夜间温度不低于 5℃。一周左右新叶展开，正常管理 1 月下旬便可采收。东风菜为多年生植物，一次播种多年采收，每年 12 月份升温，1 月下旬采收（图 3-128）。

（3）塑料大棚生产　东风菜第一年播种第二年才能采收，所以大棚生产采取先露地播种，10 月末建棚架，次年 3 月扣棚膜升温的方法。

① 整地做畦　选好建大棚地块，整地做畦，以宽 10m 南北长度大棚为例，沿大棚长度方向做高畦，畦宽 120cm，过道宽 40cm，建 6 条长畦。

② 播种、苗期管理　与温室生产相同。

③ 建棚架　10 月末在东风菜生长地块上建棚架（图 3-129）。

④ 扣棚膜、升温及采收　12 月初将地上部分枯枝叶耙除，集中烧毁。次年 3 月扣棚膜升温，4 月初采收。

图 3-128　东风菜温室生产采收期

图 3-129　东风菜建棚架

⑤ 采后管理　采收后进入生长期管理（图 3-130），方法同温室生产管理。进入秋季开花结实（图 3-131），10 月采收种子，备扩大生产用。

4. 病虫害防治

东风菜在生长发育期间易发生叶枯病，主要为害叶片，多在高温、高湿的夏季发生。可在发病初期用 1：1：120 波尔多液

图 3-130　东风菜大棚生产采收后　　　　图 3-131　东风菜大棚生产开花结实

或 10% 多抗霉素可湿性粉剂 200 倍液喷雾。害虫主要是蚜虫，可用 10% 吡虫啉可湿性粉剂兑水稀释 3000 ～ 5000 倍防治，每隔 5 ～ 7d 喷 1 次，连喷 2 ～ 3 次。菜青虫可用 1% 阿维菌素（杀虫素）乳油 2000 ～ 2500 倍液或 0.6% 阿维菌素（灭虫灵）乳油 1000 ～ 1500 倍液等喷雾（图 3-132）。

图 3-132　东风菜菜青虫

十、藿香

藿香别名野苏子、野藿香、猫巴虎、山猫巴、拉拉香等，为唇形科藿香属多年生草本植物。藿香兼有薄荷和香薷的香气，味辛、性微温，归脾胃、肺经，具有祛暑解表、化湿解脾、理气和胃的功效。主治外感暑湿、寒湿、湿温及湿阻中焦所致寒热头昏、胸脘痞闷、食少身困、呕吐泄泻，以及妊娠恶阻、胎动不安、口臭、鼻渊、手足癣等症，是一种极具开发前景的野菜珍品。

1. 生物学特性

（1）形态特征 藿香植株高 60 ～ 100cm，有芳香气。茎直立，四棱形，上部被极短的细毛；单叶对生，具长柄，叶片心状卵形至矩圆状披针形；轮伞花序多花，在主茎或倒枝的顶端密集成假穗状花序（图 3-133）。小坚果卵状矩圆形，有三棱，顶端具短硬毛，褐色（图 3-134、图 3-135）。花期 6 ～ 9 月，果期 9 ～ 11 月（图 3-136）。

图 3-133　藿香植株

图 3-134　藿香未成熟果实　　　　图 3-135　藿香成熟果实

图 3-136　藿香种子

（2）生态习性与分布　藿香喜光，对温度适应性强，生长期间喜欢较温暖的环境条件，根在北方能越冬，第二年返青，地上部不耐寒，霜降后大量落叶，冬季地上部枯死。对土壤要求不严，以沙质壤土为好，忌低洼地。

藿香生于海拔170～1600m的山坡、路旁、林缘或灌木丛间。分布于我国新疆、河北、山西、内蒙古、辽宁、吉林、黑龙江等地。在亚洲北部、欧洲也有分布。

2.种苗繁育

藿香通过种子繁殖。可春播也可秋播，北方地区多春播，南方地区为秋播。可以育苗移栽，多数地区采取直播。5～6月收割藿香时，正是现蕾开花期，留种田不收，待种子大部分变成棕色时收割。收割后置于阴凉处后熟数日，晒干脱粒种子。

春播：3月下旬至4月上、中旬进行。横畦按行距25～30cm，开1.0～1.5cm深的浅沟，将种子均匀地撒入沟内，覆土1cm，稍加镇压。土壤过干则浇透水。每公顷用种子7500～12000g。播后要保温保湿。出苗后及时除草（图3-137）。苗高12～15cm

图3-137 藿香出苗后

时定植。

3. 栽培管理关键技术

(1)露地生产

① 整地做畦 4月上旬，每亩施入腐熟农家肥 3000kg，深翻土地，做宽 120cm 的低畦，过道宽 40cm。

② 定植与管理 按株行距 20cm 定植，定植后浇水，以后注意浇水、除草。

③ 采收 当苗高 30cm 以上时采收，采收时每株苗基部留 2 片叶，以后当分枝长至 25cm 左右时采收，采收时在每分枝基部至少留 2 片叶（图 3-138）。露地栽培一次定植可采收多年。

图 3-138 藿香露地生产采收期

（2）温室生产

① 整地做畦　4月初，每畦撒入干鸡粪20kg，深翻25cm，做宽120cm的低畦，过道宽30cm。

② 播种与出苗　横畦间距20cm开1.0～1.5cm深的浅沟，将种子均匀地撒入沟内，覆土1cm，稍加镇压。土壤过干则浇透水。10d左右出齐苗（图3-139）。

③ 苗期管理　出苗后注意浇水、除草。苗3叶期时间苗，株距15cm（图3-140）。

④ 生长期管理　生长期注意中耕除草、浇水（图3-141、图3-142）。控制好室内温度，白天温度控制在20～25℃，高于25℃时要及时放风。采收前1个月用遮光度50%的遮阳网遮阴。

图3-139　藿香温室生产出苗后

图 3-140　藿香温室生产小苗

图 3-141　藿香温室生产生长期（一）

图 3-142　藿香温室生产生长期（二）

⑤ 采收　当株高达到 25cm 以上时开始采收（图 3-143），可采收至夏末，采收方法同前，按每 500g 扎一捆上市销售（图 3-144）。藿香为多年生植物，可连续生产多年。若需留种，可在 7 月份停止采收，使其开花结实（图 3-145）。10 月份陆续采种。

图 3-143　藿香温室生产采收期

图 3-144　藿香采收后扎捆

图 3-145　藿香温室内开花结实

⑥ 扣膜升温及采收　12月初，将地上部分枯枝叶耙除，集中烧毁。每畦撒入干鸡粪20kg，浇一次透水，白天温度控制在20～25℃，夜间温度不低于5℃。1月中旬可陆续采收，直到夏末。以后每年12月初升温，连续生产。

（3）大棚生产

① 整地做畦　3月初扣棚膜，整地做畦方法同温室生产。

② 播种与管理　同温室生产（图3-146）。

③ 采收　方法同温室生产。

以后每年12月初将地上部分枯萎枝叶清理掉，浇一次越冬透水。次年3月初扣棚膜升温，4月中旬采收，连续多年生产。

图3-146　藿香大棚内生产

4. 病虫害防治

藿香主要病害有褐斑病、斑枯病、轮纹病等，叶片出现大量病斑，导致提前死亡。发病前喷洒1∶1∶100波尔多液保护，发病初期选用50%代森锰锌可湿性粉剂600倍液、50%多菌灵可湿性粉剂 500 倍液或 77% 氢氧化铜（可杀得）可湿性粉剂 600 倍液等药剂，视病情喷 2 ～ 3 次，间隔 10d。虫害主要有蚜虫、害螨、卷叶螟、银纹夜蛾和地下害虫，可用 90% 敌百虫可溶粉剂 500 倍液或 75% 辛硫磷乳剂 500 倍液进行喷药或做成毒饵诱杀。

十一、紫苏

紫苏俗名桂荏、赤苏、香苏、白苏、油王苏里娜等，为唇形科紫苏属一年生草本植物。紫苏可药食兼用，在医药食品领域有着重要的开发价值，其根、茎、叶和种子均可入药，紫苏的嫩茎、嫩叶具有特异芳香，有杀菌、防腐和解毒的作用；其根、种子、茎入药，可治疗感冒发热、怕冷、无汗、胸闷、咳嗽等症。紫苏作为蔬菜和调味品食用，市场供不应求，是优良的出口创汇蔬菜。

1. 生物学特性

（1）形态特征　紫苏植株高 60 ～ 180cm，有特异芳香。茎四棱形，紫色、绿紫色或绿色，有长柔毛，以茎节部较密（图 3-147）；轮伞花序 2，组成项生和腋生的假总状花序，花冠紫红色成粉红色至白色（图 3-148）；小坚果近球形，棕褐色或灰白色（图 3-149）。

（2）生态习性与分布　紫苏喜温暖湿润气候，适应性强，在温暖湿润、土壤疏松、土地肥沃、排水良好、阳光充足的环境生长旺盛，我国从南至北的广大地区均可种植。种子发芽适温为 18 ～ 23℃，茎叶生长适温为 20 ～ 26℃，刚出土的幼苗虽然能忍耐 1 ～ 2℃低温，但苗期温度低生长缓慢，开花期适温为 26 ～ 28℃。

紫苏广泛分布于亚洲东部和东南部，我国南北各地区均有栽培，亦有野生紫苏分布。

2. 种苗繁育

紫苏通过种子播种繁殖。一般于 12 月中下旬播种，翌年 3 月上中旬开始采收嫩叶，6 月底左右采收，单茬生长加采收期达 6 个月以上。紫苏再生能力强，大田管理通常可采 8 ～ 10 次，每亩产鲜嫩叶 1000 ～ 1500kg。目前，出口日本的主要栽培品种为"卷皱大叶紫苏"和"卷皱小叶紫苏"，两品种均表现生长整齐、叶质厚、芳香气味浓及高产、稳产等优良特性。

3. 栽培管理关键技术

（1）露地生产

① 整地做畦　紫苏露地栽培采用垄作，每亩施入腐熟农家肥 3000kg，做垄宽 45cm、高 20cm。5 月初播种，播种时垄上开 3cm 深浅沟，将种子撒入沟内，覆土 1cm，镇压。

② 出苗及管理　播种后 10d 左右出齐苗，以后注意除草、松土。

图 3-147　紫苏植株

图 3-148　紫苏的花

图 3-149　紫苏小果

图 3-150　紫苏露地生产采收期

图 3-151　紫苏温室生产出苗后

图 3-152　紫苏温室生产间苗

③ 采收　株高 40cm 左右时开始采收（图 3-150）。

（2）温室生产　温室生产播种没有时间限制。

① 整地做畦　每畦撒入干鸡粪 20kg，深翻土地 25cm，做成宽 120cm 的平畦，畦间过道 30cm。

② 播种　横畦间距 20cm 开 3cm 深浅沟，浇入底水，水渗下后将种子撒入沟内，覆土 1cm。播种后 7d 左右出齐苗（图 3-151），注意除草松土，干时补水。

③ 苗期管理　苗期经常松土，当苗 3 叶期时间苗（图 3-152），间苗分多次进行，每次间苗后浇一次透水，4 叶期时定苗，株距 15cm。

④ 采收　当苗高达 40cm 时开始采收叶片（图 3-153）。

（3）大棚生产

① 整地做畦　3 月初扣棚膜，整地，方法同温室生产。

② 播种及苗期管理　方法同温室生产。

③ 采收　方法同温室生产（图 3-154）。

图 3-153　紫苏温室生产采收期　　　　图 3-154　紫苏大棚生产采收期

十二、薄荷

薄荷又名野薄荷、家薄荷、夜息花、水薄荷、鱼香草等，为唇形科薄荷属多年生宿根性草本植物，是一种有特种经济价值的芳香植物。主要食用部位为茎和叶，也可榨汁服用，还可做香料或配酒。薄荷具有医用和食用双重功能，具有疏热解毒、消暑化浊、消炎止痒、清热解表、祛风消肿、利咽止痛、提神解郁之功效。能健胃、防腐去腥、抑菌抗病毒。也可用作防腐剂、兴奋剂、局部麻醉剂，广泛应用于医药、食品、化妆品、香料、烟草工业等。

1. 生物学特性

（1）形态特征　薄荷株高 30 ～ 60cm，茎直立或基部外倾，具四槽，赤色或青色；单叶对生，长圆状披针形或长圆形（图 3-155）。花小，淡紫色或淡红紫色，小坚果长圆状卵形，黄褐色或暗紫棕

图 3-155　薄荷植株　　　　　　　　图 3-156　薄荷果实

色，无毛，平滑（图 3-156）。花期 6 ～ 10 月，果期 10 ～ 11 月。

（2）生态习性及分布　薄荷对土壤要求不十分严格，除过沙、过黏、酸碱度过重、过于干燥土地以及低洼排水不良的土壤外，一般土壤均能种植，以腐殖质土为最好，沙质壤土次之。土壤酸碱度以 pH 6 ～ 7.5 为宜。薄荷为长日照植物，性喜阳光，喜欢光线明亮但不直接照射到的阳光之处。薄荷较耐阴，栽培在背阴处生长较好，宜和其他作物套作。薄荷适宜温暖环境，但也较耐热和耐寒，喜湿润却不耐涝，地上部能耐 30℃ 以上的高温，气温降到 -2℃ 时地上部分会受冻枯萎，但地下茎耐寒性强。

薄荷野生分布于山谷、溪边、坡地、村旁阴湿处。广泛分布于北半球温带地区，我国主要分布于南方各地区，主产于江苏、浙江及湖南等省，东北亦有少量分布。

2. 种苗繁育

（1）扦插育苗

① 做扦插畦床　温室内整地做沙畦，畦深 15cm，填沙

10 ～ 12cm，浇一次透水。

②剪插穗　采用绿枝扦插，选生长健壮无病虫害的枝条，剪成 15cm 小段，上端距节 1cm 平剪，下端 45°斜剪成马蹄形。每段留 2 片叶，并将叶片剪去一半（图 3-157）。

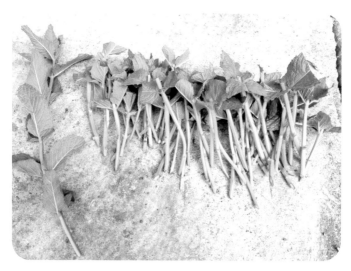

图 3-157　薄荷插穗

③扦插　用一根略粗于插穗的木棍在床面以 10cm 间距打孔，深 5cm，将剪好的插穗垂直插入孔内，浇水。上搭小拱棚，盖遮阳网（图 3-158）。

④管理　保持苗床湿润，30d 左右生根，可移栽定植。

（2）播种育苗

①整地做畦　在温室内做宽 120cm 低畦，过道 30cm。

②播种　采用条播，横畦间距 20cm 开 3cm 深浅沟，浇入底水，水渗下后将种子撒入沟内，覆土 1cm。

③出苗及苗期管理　10d 左右出齐苗，注意除草、干时浇水。当苗高 10cm 时可移栽定植（图 3-159）。

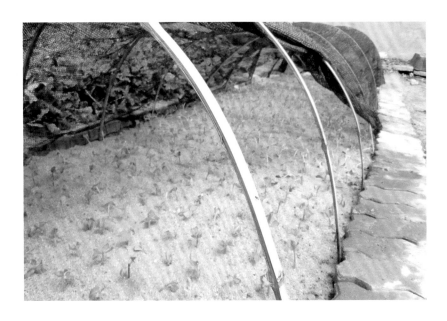

图 3-158　薄荷扦插畦床

图 3-159　薄荷播种出苗后

3. 栽培管理关键技术

（1）露地栽培

① 整地做畦　露地栽培采用垄作，每亩施入腐熟农家肥3000kg，深翻土地25cm，做成宽45cm的垄。

② 定植与管理　按15cm的株距定植，浇水。生长期注意中耕除草。

③ 采收　当苗高30cm时采收（图3-160）。

（2）温室和大棚栽培

① 整地做畦　每畦撒入干鸡粪20kg，做成宽120cm的低畦，过道宽40cm。

② 定植与管理　按20cm株行距定植。注意中耕除草、干时浇水。

③ 采收　当苗高30cm时采收（图3-161、图3-162）。

薄荷为多年生植物，一次种植采收多年。温室栽培可实现周年采收。大棚栽培与温室不同的是，每年冬初地上部分会枯萎，此时要清除，每年3月初扣棚膜升温，4月初开始采收至秋季。

图3-160　薄荷露地生产采收期

图3-161　薄荷温室生产采收期

图3-162　薄荷大棚生产采收期

十三、苋菜

苋菜又名米苋、雁来红、老少年、赤苋、三色苋、青香苋等，为苋科苋属一年生草本植物。苋菜茎叶可作为蔬菜食用，根、果实及全草可入药，有明目、利大小便、去寒热的功效。苋菜菜身软滑而菜味浓，入口甘香，能补气、清热，且对牙齿和骨骼的生长起到促进作用，并能维持正常的心肌活动，防止肌肉痉挛，还具有促进凝血、增加血红蛋白含量并提高携氧能力、促进造血等功能。苋菜富含膳食纤维，常食可以减肥轻身，促进排毒。

1.生物学特性

（1）形态特征 苋菜茎粗大脆嫩，绿色或红色，有纯棱或无棱，密被短柔毛，株高可达 80 ～ 100cm；叶片卵形、菱状卵形或披针形，两面有柔毛；叶柄较长，叶片长 4 ～ 10cm，宽 2 ～ 7cm（图 3-163）；花单性或两性，圆锥花序，顶生或腋生

图 3-163　苋菜植株

图 3-164　苋菜花序

图 3-165　苋菜种子

（图 3-164）；种子近球形，棕黑色有光泽，极小，成熟后脱落，千粒重 0.72g（图 3-165）。

（2）生态习性与分布　苋菜为喜温植物，耐热力较强，不耐寒冷。生长适温为 23 ～ 27℃，10℃以下种子发芽困难，20℃以下植株生长缓慢。苋菜又是一种短日照植物，在高温短日照条件下极易开花结籽，在保护地栽培中应注意调节温度，特别是冬季生产过程中，日照时间短，温度控制不好极易早熟抽薹开花而失去食用价值。苋菜对土壤要求不严，以偏碱性土壤生长较好，具有一定的抗旱能力，若高温干旱也会促进早熟，影响品质。苋菜耐涝能力相对较差，在排水不良的地块生长较差，商品价值不高，产量也低。种子发芽、出苗及茎叶生长均要求较湿润的环境条件，有利于控制品质和产量。

苋菜生长于田间、地头、路边等地，是一种常见的植物。苋菜原产中国、印度及东南亚等地，中国自古就将其作为野菜食用。苋菜作为蔬菜栽培以中国与印度居多，中国南方又比北方多，在中国南方各地均有一些品质优、营养高的苋菜品种，因苋菜抗性强、易生长、耐旱、耐高温，加之很少发生病虫害，故渐渐被人们认识，而得到发展。

2. 栽培管理关键技术

以温室、大棚生产为主。

（1）**整地做畦**　每畦撒入干鸡粪 20kg，深翻土地 25cm，做成宽 120cm 的低畦。

（2）**播种**　先将苋菜种子与 5 倍体积的细河沙混拌均匀。畦床浇水，待水渗下后将种沙撒入畦面，覆土 0.5cm。

（3）**出苗及苗期管理**　播种后一周左右出齐苗，此时注意浇水、除草（图 3-166）。

图 3-166　苋菜出苗后

（4）**生长期管理** 生长期注意浇水、除草。最好是用遮阳网遮阴，以使菜鲜嫩（图3-167）。

（5）**采收** 当苗高30cm时可间苗采收，以后可以摘尖采收（图3-168）。

（6）**留种** 为了扩大生产，可有目的地留几株大苗不采收，待秋季开花结实采收种子（图3-169）。

图3-167 苋菜生长期

图3-168 苋菜棚室生产采收后

图3-169 留种的苋菜

3. 病虫害防治

苋菜生产上病虫害较少，白锈病偶有发生，苋菜播种时可用种子重量的 0.2% ～ 0.3% 的 25% 甲霜灵（雷多米尔）可湿性粉剂或 64% 噁霜灵（杀毒矾）可湿性粉剂拌种；发病初期选喷 58% 甲霜灵·锰锌可湿性粉剂 500 倍液。虫害主要是蚜虫，可用 75% 多菌灵 600 ～ 800 倍液喷雾防治。

十四、马齿苋

马齿苋别名长命花、五行草、马齿菜、马食菜、马蜂菜、瓜子菜、蛇子菜等，为马齿苋科马齿苋属一年生肉质草本植物。马齿苋属于无污染、无公害的绿色食品，马齿苋含有去甲肾上腺素、脂肪酸、黄酮、强心苷及蒽醌类物质等，可用于治疗多种疾病，如糖尿病、肠炎、痢疾、阑尾炎、乳腺炎、百日咳、肺脓肿等，外用可治丹毒、毒蛇咬伤等。长期食用具有滋补、强身、防病、治病、健身养颜之功效，可达到延年益寿、减少疾病、增强人体免疫力的功效。因其营养丰富，食疗作用显著，故美其名曰"长命菜"。

1. 生物学特性

（1）形态特征 马齿苋茎平卧或斜向上生长，由基部分枝，圆柱状，淡绿色，阳面常褐红色，光滑无毛，多分枝；叶倒卵形，互生或对生，叶片肥厚而柔软，全缘，茎叶多汁（图 3-170）；花 3 ～ 5 朵簇生枝顶叶腋，在枝端开放，花瓣 5 枚，淡黄色，完全花（图 3-171）；蒴果，圆锥形；种子黑褐色，肾状卵形，表面

图 3-170 马齿苋植株

图 3-171 马齿苋的花

图 3-172 马齿苋种子

有小瘤状突起（图 3-172）。

（2）**生态习性与分布** 马齿苋的枝叶在 10℃以上都可以生长，最适生长温度为 20～30℃，对种子的发芽温度要求稍高，15℃以下发芽生长缓慢，18℃以上发芽生长速度加快；种子寿命2～4 年，故隔年籽可以播种。马齿苋喜高温、高湿，耐旱耐涝，具有向阳性，又有耐阴性，具广泛的生态适应性，生命力极强，不择土壤，耐肥耐瘠，常生于田间、荒芜地及路旁，极易栽培，但作为蔬菜，宜在较肥沃的壤土中种植，这样才能确保品质柔嫩并获得较好的产量。

马齿苋广布于世界上的温带和热带地区。

2.种苗繁育

(1)扦插繁殖

① 基质准备 采用温室栽培,一年四季均可扦插繁殖,扦插适宜温度为 18～25℃。用基质进行扦插育苗,扦插前需对基质进行消毒处理,可用 40% 甲醛 45～50 倍液喷洒,将基质均匀喷湿,然后用塑料膜覆盖 24h 以上,再揭去塑料膜让基质风干 14d 左右,以消除残留药物危害。

② 扦插 插穗扦插前用 ABT 2 号生根粉浸条 2～4h,然后将分好的插穗扦插在苗床上,浇 1 次定根水,以浇透为宜,3～5d 即可成活,一般扦插后 20d 左右即可定植。

(2)播种繁殖

选择地势平坦、排灌方便、杂草较少、土壤疏松的地块种植,深耕 15～20cm,耙平地面,做宽畦,沟宽 40cm,撒播种子 15～30kg/hm^2,马齿苋种子小,可与细沙混拌后再播种,播后加盖塑料膜保温,2～3d 即可出苗,出苗后及时揭去塑料膜。

3.栽培管理关键技术

以温室、大棚生产为主。

(1)**整地做畦** 每畦撒入干鸡粪 20kg,深翻土地 25cm,做成宽 120cm 的低畦。

(2)**播种** 先将马齿苋种子与细沙混拌均匀。向畦面洒水,待水渗下后将种沙撒入畦面,覆土厚 0.5cm。

(3)**出苗及苗期管理** 种后一周左右出齐苗(图 3-173),此时注意浇水、除草。

(4)**采收** 当株高达 15cm 时便可采收。采收时先间苗采收,然后摘尖采收(图 3-174)。

图 3-173　马齿苋出苗后

图 3-174　马齿苋采收期

图 3-175 留种的马齿苋

（5）留种　为了扩大生产，可有目的地留种（图 3-175）。

4. 病虫害防治

马齿苋在生长期间，几乎没有虫害，病害也很少发生，只有少量的白粉病，可用 20% 粉锈宁乳油 2000 倍液防治。

十五、荠菜

　　荠菜，又名护生草、稻根子草、地菜、小鸡草、地米菜、菱闸菜、花紫菜等，北方也叫白花菜、黑心菜，河南、湖北等地区叫地菜，河北有些地方俗称小烧饼、白菜花，南京人又称矶头菜。荠菜的营养价值很高，食用方法多种多样，具有很高的药用价值，具有和脾、利水、止血、明目的功效，常用于治疗产后出血、痢疾、水肿、肠炎、胃溃疡、感冒发热、目赤肿疼等症。据测定，每 100g 鲜重食用部分含有蛋白质 5.3g、脂肪 0.4g、糖类 6g、粗纤维 1.4g、胡萝卜素 3.2mg、维生素 B_1 0.14mg、维生素 B_2 0.19mg、维生素 C 55mg、烟酸 0.7mg、钙 420mg、磷 73mg、铁 6.3mg。

1. 生物学特性

　　荠菜茎直立，高 20 ～ 40cm，单一或基部分枝；基生叶莲座状，大头羽状分裂或羽状分裂；总状花序顶生或腋生，花小，白色（图 3-176）；种子浅棕色，千粒重 0.09g。野生荠菜因地区不同，品种各异。目前栽培荠菜主要有板叶荠菜（图 3-177）和花叶荠菜（图 3-178）两种类型。

图 3-176　荠菜花

图 3-177　板叶荠菜

图 3-178　花叶荠菜

荠菜要求冷凉和湿润的气候。种子发芽适宜温度 20 ～ 25℃，生长适宜温度 12 ～ 20℃，气温 15℃左右植株生长迅速，播后 30d 即可开始收获。低于 10℃、高于 22℃时生长缓慢，品质较差。荠菜耐寒性强，在 −5℃时植株不受害，可忍受 −7.5℃ 的短期低温。在 2 ～ 5℃低温下，经 10 ～ 20d 春化，即抽薹开花。荠菜对土壤要求不严，但肥沃、疏松的土壤能使荠菜生长旺盛，叶片肥嫩，品质好。

2.栽培管理关键技术

荠菜的适应性强，生长期短，能够耐一定程度的低温，早春发芽较早，如果辅以保护地栽培，能够做到周年生产与供应。

（1）整地、施肥　荠菜的适应性很强，除了利用整地成片种植外，也可利用田埂、地头地边种植。如成片种植，秋播最好选用番茄、黄瓜为前茬的地块，春播以大蒜苗作前茬为宜，应避免连作。选好地块后，深耕 15cm，每亩施 1000kg 有机肥作底肥，整细耙平，作成宽约 200cm 的高畦。

（2）分期播种，分批上市　秋播从 7 月下旬至 10 月上旬均可进行，9 月中旬至翌年 3 月下旬收获的产量高。过早播种、天气炎热、干旱、暴雨多出苗不易，田间管理困难；过迟播种，幼苗只有 2 ～ 3 片叶子就遇寒冷，易受冻害。

春播一般在 2 月下旬至 4 月下旬播种，4 月上旬至 6 月中旬收获。把做好的高畦畦面整细、整平，土粒切勿过粗，以防种子漏入深处，不易出苗。秋播荠菜每亩用种量 1.0 ～ 1.5kg，播期越早，播种量越大。春播荠菜每亩用种量 0.6 ～ 0.75kg。荠菜种子很细，播种时要均匀拌和 3 倍细土，播后用脚踏平畦面，有利于出苗。早秋播的荠菜如用新籽，要打破休眠，通常以低温处理，在

2～7℃的冰箱中催芽，经7～9d，种子萌动时播种；早秋播的荠菜，为了保湿，降低温度，播后覆盖遮阳网。

（3）**适时浇水**　在出苗前要浇水保湿，浇水要掌握"轻浇、勤浇"的原则。

（4）**合理追肥**　秋播后3～4d出苗，春播后6～15d出苗。当苗有2片真叶时，进行第一次追肥，每亩施0.3%的尿素1000kg，收获前20d进行第二次追肥，每收获一次追肥一次，浓度逐渐提高。

（5）**除草**　荠菜植株小，又是撒播的，杂草与荠菜一起生长，除草较困难，应结合收获，除去杂草。

（6）**适时采收**　荠菜是分次采收的，每次要采收大的留小的，注意采留植株要均匀（图3-179）。早秋播种的荠菜，在具有

图3-179　可采收的荠菜

10 ～ 13 片叶时就可采收，即 9 月上旬开始供应市场。从播种到采收 30 ～ 35d，以后陆续收获 5 ～ 6 次，第二年 3 月下旬采收结束。每亩每次采收 500kg 左右，每亩产量总计达 2500 ～ 3000kg。迟播的秋荠菜，随着气温降低，生长变得缓慢，从播种到采收的时间更长些。10 月上旬播种的荠菜，45 ～ 60d 后才能采收，以后可陆续采收 2 ～ 3 次，每亩产量总计达 1500 ～ 2000kg；2 月下旬播种的早春荠菜，由于气温较低，要到 4 月上旬才能采收上市；4 月下旬播种的荠菜，5 月下旬可采收上市。春荠菜一般采收 1 ～ 2 次，每亩总计 1000kg 左右。

3. 病虫害防治

荠菜的主要病害是霜霉病和花叶病毒病，主要害虫是蚜虫。霜霉病主要为害叶片、花梗，用 75% 百菌清可湿性粉剂 500 倍液喷施防治，隔 10d 一次，连续防治 2 ～ 3 次。蚜虫主要以成蚜或若蚜在叶背吸食植物汁液，造成叶片发黄，叶片卷缩变形，使之商品价值降低。应结合清洁田园减少虫源，周围地块也需防治，可用 10% 吡虫啉 10g/ 亩，或用 3% 抗蚜威（辟蚜雾）3000 倍液喷雾防治。

参考文献

[1]谢永刚.山野菜高产优质栽培[M].沈阳:辽宁科学技术出版社,2010.

[2]杨佳明,张悦.图说棚室山野菜栽培技术[M].北京:化学工业出版社,2016.

[3]郑华.野生蔬菜资源及栽培实用技术集萃[M].北京:中国农业出版社,2018.

[4]孙东伟,鞠文鹏.北方常见山野菜鉴别、应用与栽培[M].北京:化学工业出版社,2015.

[5]董淑炎.400种野菜采摘图鉴[M].北京:化学工业出版社,2012.

[6]王尚堃,于醒.荠菜无公害优质高产栽培技术[J].北方园艺,2003(6):60.

[7]刘恩祥.我国野菜植物资源开发利用现状与展望[J].中国果菜,2009(6):43.

[8]张存利,李琰.我国野菜资源开发利用现状与发展途径[J].中国林副特产,2000(5):39-40.